Macedonien

und

feine neue Eifenbahn Salonik-Monaftyr.

- - ---

Ein Reifebericht

von

Dr. Edmund Naumann,

ehemal. Direktor der Kaiferl. japan. topogr. und geol. Landesaufnahme.

München und Leipzig.
Druck und Verlag von R. Oldenbourg.
1894.

Inhalts-Übersicht.

Übersicht der Eisenbahnen i. d. europäischen Türkei.

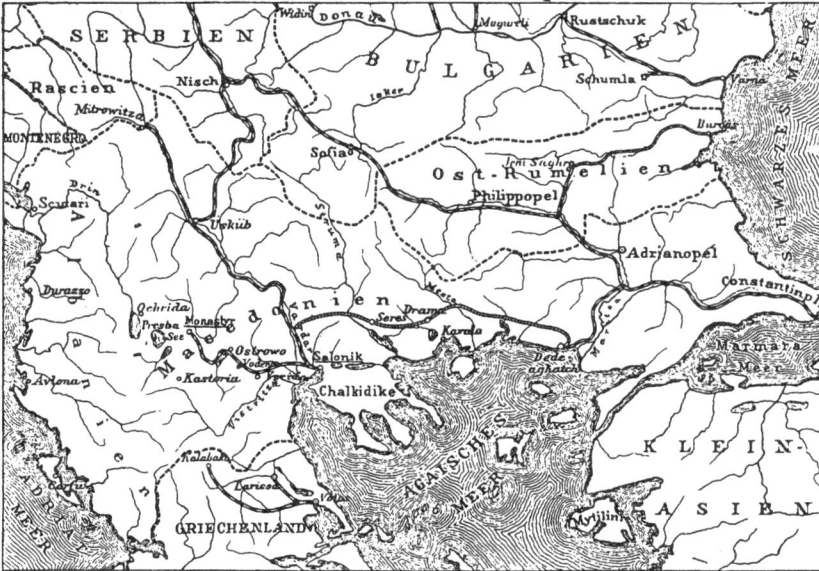

Schon vor Beginn unserer Zeitrechnung waren Rom und Byzanz, das spätere Konstantinopel, durch zwei große Überlandstraßen, die italische Via Appia und die macedonisch-thracische Via Egnatia, verbunden. Für die von Westen kommenden Reisenden — Beamte, Handelsleute und Soldaten — endete die Überfahrt über das trennende Meer von Brundisium her bei Epidamnus (jetzt Durazzo) oder dem südlicher gelegenen Apollonia. Dann mußten die illyrischen Randgebirge überschritten werden, es ging über die dem Hochland eingesenkten Seen, über Heraklea (jetzt Monastyr oder Bitolia), durch die altmacedonischen Königsstädte Edessa (Bodena) und Pella nach Thessalonika (Salonik) und dann im allgemeinen längs der Küste zum Chrysokeras, zum goldenen Horn.

Die Via Egnatia hat verkehrsgeschichtliches Interesse. Sie beweist von neuem, daß sich die großen völkerverkettenden Eisenstraßen unseres

Jahrhunderts nur zu gern an uralte Pfade schmiegen. Wenn sich nun die altrömische Heerstraße von Westen her entwickelte, so erfolgt der Ausbau des modernen Schienenweges aus Osten. Diente die einstige Via Egnatia der Interessengemeinschaft zweier hervorragender Mittel= punkte der alten Welt, so soll die neue Straße die europäischen Pro= vinzen des türkischen Reiches mit der Hauptstadt verketten und die Produkte Macedoniens nach dem Ägäischen Meere hinuntertragen. Seit dem Vorjahre ist die Linie Dedeaghatch—Gümuldjina—Drama—Seres— Salonik im Bau. Während diese mit bedeutenden Bauschwierigkeiten verbundene Bahn hauptsächlich strategischen Zwecken dienen wird, jeden= falls als Küstenbahn eine bedeutende Rentabilität nicht verspricht[1]), kommt der schon eröffneten Linie Salonik—Monastyr vor allem deshalb eine größere Bedeutung zu, weil sie die fruchtbarsten und reichsten Teile Macedoniens mit dem Meere verbindet.

Von Salonik werden also binnen hier und kurzem drei Eisenbahn= linien ausstrahlen. Zuerst nördlich oder nordwestlich die seit Jahren im Betrieb befindliche Vardar=Linie, auf welcher man von Belgrad her an das Ufer des Ägäischen Meeres gelangen oder von Salonik auf der nordwestlichen Verlängerung über Üsküb hinaus bis Mitrovitza vor= dringen kann, dann östlich die kaum begonnene, vorwiegend für die Verbindung von Salonik und Konstantinopel bestimmte Dedeaghatch= Linie, und drittens gegen West die soeben vollendete Monastyr=Linie.[2])

---

[1]) Diese östliche Linie ist allerdings keine echte Küstenbahn, da sie sich in einer ca. 25 km betragenden Entfernung vom Meere hält. Sie wird aber, wenn auch emporblühende Produktionsmittelpunkte an ihrem Wege liegen, auf bedeutende Transporte nicht rechnen können; denn die ägäischen Hafenplätze Orfani, Kavala und Lagos werden nach wie vor ihre Anziehungskraft geltend machen. Die Trace schneidet so und so viele Terrainrücken. Der Bau der Linie soll bedeutend schwieriger und kostspieliger sein als der Aufstieg der Anatolischen Bahn von der Küste zum Plateau.

[2]) Ich möchte nicht versäumen, an dieser Stelle auf eine Arbeit A. Boués, des berühmten Erforschers der europäischen Türkei, hinzuweisen: Sur l'Etablisse- ment de bonnes Routes et surtout de Chemins de fer dans la Turquie d'Europe. Vienne 1852. Diese Abhandlung beleuchtet die Geschichte der wirtschaftlichen Ent= wicklung des ottomanischen Reiches jetzt, 40 Jahre nach ihrem Erscheinen, in eigen- tümlicher Weise. Von besonderem Interesse sind folgende Worte Boués: Dans ce moment où le trésor ottoman cherche des moyens d'accroître ses revenus et l'état sa sureté pour l'avenir, je désirerais lui démontrer que l'établisse- ment de routes et surtout de chemins de fer serait le moyen le plus prompt

Diese drei türkischen Bahnen gehören ebensovielen Gesellschaften, näm=
lich: Zibeftche—Salonik der deutsch=österreichischen Gesellschaft der
orientalischen Eisenbahnen, Dedeaghatch—Salonik einer ad hoc gegrün=
deten französischen Kompagnie, und Salonik—Monastyr der Société
du Chemin de fer Ottoman Salonique—Monastyr, welche am
5. Februar 1891 ins Leben gerufen wurde, um unter dem Präsidium
des Herrn Dr. G. Siemens, Direktors der Deutschen Bank, und unter
der Generaldirektion der Verwaltung des Herrn Ritter von Kühlmann,
das geplante Werk zu rascher Vollendung zu bringen.[1] Einer Ein=
ladung des letztgenannten Herrn folgend, unternahm ich im Juni
vorigen Jahres eine Bereisung der innermacedonischen Linie, auf welche
die nachfolgenden Zeilen sich gründen.

Welche Bildergalerie entrollt sich schon während der 37 Stunden
langen Fahrt von Wien nach Salonik hinunter! Inmitten der endlos
flachen Pußten, nachdem wir am Grabmale Gül Babas, des Rosen=
vaters, vorübergefahren, im Lande der Sümpfe und Äcker, der Herden
und Hirten, der Hütten und Windmühlen, Meierhöfe und Dorfstädte
tritt uns manch fremdartige, zerlumpte Gestalt entgegen. Das sind
Vorposten des Orients, Asiaten auf europäischer Erde, Spuren alter
Völkerberührungen, welche von der Zivilisation mehr und mehr verwischt
werden. Schwarze Augen funkeln uns an, als wollten sie sagen: „Ich
bin dreihundert Jahre alt. Die Türkenflut hat mich hieher geschwemmt.
Es wird mir nachgerade zu eng in der Pußta. Die Felder wachsen,
Weiden und Sümpfe schrumpfen zusammen; es gefällt mir nicht mehr;
nimm mich mit!"

Bald umfängt nächtliches Dunkel das Land und verhüllt Neusatz
und Peterwardein, das ungarische Gibraltar, Semlin, wo Prinz Eugen,
der edle Ritter, dereinst sein Lager aufgeschlagen, und Belgrad, die
stolze, von Save und Donau bespülte Weißenburg. Am nächsten

---

et le plus efficace pour civiliser entièrement la Turquie, pour y maintenir
l'ordre et une surveillance salutaire, pour enrichir les finances et pour être
à même de recevoir toujours à temps et de quelque côté que ce soit des
secours militaires étrangers.

[1] Der Bau der Linie wurde von der zu diesem Zweck in Frankfurt a. M.
errichteten „Gesellschaft für den Bau der Eisenbahn Salonik—Monastyr" ausgeführt,
an der die gleichen technischen Leiter thätig waren, wie bei dem Bau der Anato=
lischen Bahn.

Morgen blinkt die Sonne in das hügelgesäumte Thal der Morava.
Ruinen, Felsenengen, Städte und elende Lehmdörfer gleiten vorüber.
Wir begegnen Zügen schmucker serbischer Bäuerinnen in roten Röcken
und weißen Kopftüchern. Die Dirnen und Frauen sind auf dem Kirch=
gang heute am Sonntag. Den Eisenbahnzug, welchen die schwelenden
serbischen Kohlen mit Ruß überschütten, bedienen schmutzige Schaffner
mit russischen Bärten. Sie sprechen ein gebrochenes Deutsch. Auf den
Stationen sehen wir Popen, Bauern und Soldaten.

Jetzt ist Zibeftche die Pforte des Türkenlandes. Die Grenze ist
eben seit dem Jahre 1878 bedeutend nach Süden gerückt. Allzu ge=
strenge Zollwächter durchwühlen hier das Gepäck und bereiten uns
einen nichts weniger als angenehmen Empfang. „Fertig!" ertönt es,
sobald die Plackereien der Zollrevision zu Ende sind. Der Ruf erinnert
an die deutschen Fertigmacher, und so großen Eindruck hat er bei den
Türken gemacht, daß diese das Wort in ihre Sprache aufgenommen
haben; denn Fertigdji werden die Kondukteure der »Orientaux« ge=
nannt. Durch ungeheuer breite Thalgründe führt nun die Bahn.
Alles prangt im Schmucke eines frisch grünen Pflanzenteppichs. Im
Westen türmt sich das Gebirge des Kara=Dagh; lang hinziehende große
Schwellen liegen im Osten. Das Land ist ziemlich bevölkert und gut
bebaut; aber immer noch liegen weite Strecken brach. Störche, Büffel,
Rinderherden beleben die Landschaft. Die Dörfer liegen weit ab von
der Bahn am Fuße der Berge. Nach Durchmessung der großen Korn=
kammern von Kumanovo fährt der Zug über die eiserne Vardar=Brücke,
und wir sind in Üsküb. Die Lage der Stadt im mächtig weiten Berg=
kessel mit dem Riesen Schar=Dagh im Hintergrunde erinnert an Inns=
bruck und Kufstein.

Es ist eine durch die Reize der Landschaft außerordentlich genuß=
reiche Fahrt am Ufer des Stromes hinab zum Meere. Was gäbe es
da nicht alles zu erzählen! In der Eile sei hier nur an die von Wald
und Busch überkleideten Ufer erinnert, an die rauschenden gelben Fluten
des Vardar, an den wechselvollen Bergessaum, die Felsenengen und
an das altertümliche Köprülü mit seinen Ruinen, Kirchen und Klöstern,
eine der reizvollsten Städte im ganzen Türkenlande. Bei Gradzko
mündet die von Monastyr kommende Straße ein, welche der Vardar=
Linie bisher die Produkte des innern Macedoniens zugeführt hat, nach

Fertigstellung der Monastyrbahn jedoch sehr stille werden dürfte. Nicht weit von Krywolack liegt ein mit großem Erfolg bewirtschaftetes deutsches Tschiftlik. Dann folgt Demirkapu, das Eiserne Thor, eine großartige Felsenklause.

Die Schatten der Nacht legen sich über den letzten Teil der Fahrt. Nur dann und wann verraten die an den Felsenklippen brandenden Wogen des Vardar, daß wir den Strom noch immer zur Seite haben. Und aus dem Rauschen und Tosen der Wellen klingt es wie ein Mahn= wort an die Vergangenheit: „Ich, der Vardar, habe eine Ewigkeit lang gearbeitet, um das Gebirge zu zersägen. Meine Mühen sind belohnt. Seit uralter Zeit wandern die Völker hin und her längs meiner Ufer. Ich sah die Lastkolonnen friedfertiger Handelsleute und die Züge der Kriegsmannen auf ihrem weiten Wege zwischen Donau und Meer. Durch meine Thore drangen die Slavenhorden nach Süden, zogen die türkischen Heerscharen hinauf zum Amselfelde. Mein Vater Schar schaute vor einem halben Jahrtausend hinab auf den blutigen Kampf der Völker, der den Osmanen zum Sieg verhalf und zur Macht über das Land bis jenseits der Donau. Seitdem nun die Moskowiten den Südslaven zu Hilfe gezogen, reicht die Grenze türkischer Herrschaft nicht weiter als meine Arme Ptschinya und Bregalnitza. Aber trotz aller Zersplitterung kamen vor kurzem erst aus Norden die Wegebauer mit eisernen Schienen, nützten die alte Straße, die ich gebahnt, und auf dem glatten Geleise werden nun die Waren von den Landen jenseits der Donau her hinabgetragen zum Meere, dem auch mein Tribut gehört."

Weit in das macedonische Land hinein schneidet zwischen Olymp und Chalkidike der Golf von Salonik. Die drei langgestreckten Finger der chalkidischen Halbinsel weisen gegen Südost. Dorthin zielt auch ein großer Teil des Handels. Der Golf öffnet sich wie ein Füllhorn gegen die am reichsten gegliederte Küstenstrecke Kleinasiens und ihren Mittelpunkt Smyrna.

„Wir halten", sagt Hahn[1]), „unter den europäischen Busenhäfen den von Salonik für die natürliche Stale des anglo=indischen Verkehrs, sobald derselbe gleich den übrigen durch eine lückenfreie Eisenbahn mit

---

[1]) Hahn, J. G. v., Reise von Belgrad nach Salonik. XI. Bd. d. Denkschr. der ph.=h. Kl. d. k. Akad. d. Wissensch. Wien 1861.

Calais oder Oftende verbunden sein wird." Seitdem diese prophetisch klingenden Worte gesprochen worden, und das ist nur 34 Jahre her, hat der Weltverkehr einen großartigen, damals noch ungeahnten Auf= schwung genommen; der Suezkanal ist vollendet, die großen Übergänge Mont Cenis und Gotthard gebaut. Nicht zum mindesten hat Brindisi von diesen gewaltigen Neuerungen profitiert. Trotz der nun inzwischen auch erfolgten Schienenverbindung Belgrad—Salonik geht der indische Verkehr noch immer über Italien. Wenn die am Ägäischen Meere endende Linie Teil einer der bedeutendsten Weltarterien bis auf den heutigen Tag nicht geworden ist, so liegt das an der beschränkten Fahrgeschwindigkeit auf serbischem und teilweise auf türkischem Boden. Noch immer wird der Bahnkörper von Herden und Hirten belebt, und die Lokomotiven können wie in Amerika der sogenannten Cow Catchers (Büffelfänger) nicht entbehren. Aber treten auch die Kulturzustände des Orients dem Verkehr noch immer hemmend und hindernd entgegen, Salonik ist doch berufen, eine Hauptstation auf der englisch=indischen Route zu werden. Ein Blick auf die Karte genügt, um sich hiervon zu überzeugen. Während gegen das Adriatische Meer hin das Riesen= gebirge der Alpen zu überschreiten ist, verläuft von Calais bis nach Salonik hinunter eine von der Natur vorgezeichnete Tiefenlinie, und auf dem kolossal langen Wege liegt die bedeutendste Schwelle, welche zu überwinden ist, nicht höher als 450 m über dem Meeresspiegel. Das Ägäische Meer ist also leichter zu erreichen als das am weitesten gegen Südost vorgeschobene Ufer des Adriatischen, und dazu kommt, daß auch die Seeverbindung zwischen dem macedonischen Haupthafen und dem Suezkanal kürzer ist als die zwischen Brindisi und Port Said. Salonik ist also durch seine Lage von der Natur hinreichend begünstigt, um sich in Bälde zu dem bedeutendsten Hafenplatze des Orients empor= arbeiten zu können.

Vielleicht ließe sich die Rolle, welche Salonik zu Zeiten des Alter= tums als Hauptstation an der Via Egnatia gespielt hat, vergleichen mit der Rolle, welche es über kurz oder lang spielen wird als Hauptstation an der Route nach Indien. In der Geschichte begegnen wir der Stadt zuerst unter dem Namen Emathia; später wird sie Therme genannt. Um 310 v. Chr. taufte Kassander das Emporium am Thermäischen Busen um und zwar zu Ehren seiner Gemahlin Thessalonike, Tochter

des Philippus, einer Halbschwester Alexanders des Großen. Aus der
Zeit der Diadochen hat sich der Name dieser Königsfrau bis auf den
heutigen Tag unverstümmelt erhalten, denn noch jetzt heißt Salonik im
Griechischen Thessaloniki. Hier lebte Cicero in der Verbannung; hier
predigte der Apostel Paulus. In der Amelungensage von Hugdietrich
und Hildburg wird der Name Salnecke (Thessalonika) neben Kunstenopel
genannt. Stand Thessalonika schon zu römischen Zeiten allen anderen
Städten und Häfen des Ostens voran, so zählte es im Jahre 904, als
die Sarazenen kamen, um zu morden und zu plündern, 220000 Köpfe.
Heutzutage wird dagegen die Einwohnerzahl auf nur 100000 angegeben.
An die Zeiten der Byzantiner erinnern die ausgedehnten, vorzüglich
erhaltenen Festungsmauern, welche im Rücken der Stadt zu der auf
Bergeshöhe liegenden Zitadelle Yedikule (Siebentürme) ziehen. Der
Busen von Salonik bildet einen nach Süden offenen Halbkreis, in
seinem östlichen Teil der Stadt gesäumt von den Straßen, Häusern,
Moscheen, Ruinen und Türmen. Unten wird die Stadt von den
Wellen des Meeres bespült und durch eine Quaianlage gegen das allzu
ungestüme Andrängen des Elements geschützt; unten liegen die Ge-
schäftshäuser, der Bazar, die Cafés und Gasthöfe. Die breite Vardar-
straße zieht von Nordwest nach Südost dem Meeresufer parallel, und
nach oben folgen dann, terrassenförmig aufsteigend, die Konaks, mit
Baumschlag, Höfen und Gärten. Links auf der westlichen Seite der
eigentlichen Stadt liegt der Bahnhof, rechts führt die Villenstraße
Kalamaria am Meere entlang. Dieses Kalamaria macht einen überaus
freundlichen Eindruck, besonders nach ermüdender Wanderung durch das
Gewirr der alten Gassen. Hier leuchten die weißen Villen in der tief-
grünen Umkränzung südländischer Vegetation. Hier, sagt sich wohl
jeder Fremde, möchtest du wohnen! Und dieser Winkel im Thermäischen
Golf am Fuße des Koriatchgebirges wäre in der That ein Zauber-
garten, wenn er nicht durch die Fieberluft verpestet würde.

Die Hauptmasse der Bevölkerung, etwa zwei Drittel von 100000,
ist jüdischen Ursprungs; der Rest besteht hauptsächlich aus Türken,
Griechen und Bulgaren, wozu etwa 1000 Europäer kommen. Die
Juden Saloniks bieten in sehr vielfacher Hinsicht Interesse. Sie sind
gegen das Ende des 15. Jahrhunderts aus Spanien in die Türkei ein-
gewandert, sprechen noch heute spanisch, schreiben mit hebräischen Lettern,

bedienen sich einer alten, eigentümlichen Tracht und halten auf alt=
ererbte Sitten. Den spanischen Juden finden wir in den verschiedensten
Schichten der Bevölkerung, als reichen Handelsmann wie als Klein=
krämer, als Handwerker, Lastträger oder Bootsmann. Nomadisierende
Zigeuner haben in der steppenartigen Einöde der Umgebung ihre Zelte
aufgeschlagen. Säßige Zigeuner bewohnen die nordwestliche Vorstadt.
In dem Volksgetümmel der Varbarstraße begegnen wir unter bulgari=
schen Landleuten hie und da einem Tscherkessen, einem Tataren, einem
Valachen, einem mit Waffen gespickten Albanesen. Auch mancher Neger
mischt sich in die Menge. Im Hafen sind die Typen der verschiedensten
Mittelmeerländer vertreten. Aber wir dürfen dieses bunte Volkstum
nicht näher auf seine Bestandteile untersuchen, gilt es doch dem land=
einwärts gelegenen entfernten Ziele unserer Reise zuzusteuern.

Als Tozer vor 33 Jahren von Salonik nach Monastyr zog, war
das Fortkommen eine schwere Sache auf der Via Egnatia. Die feier=
liche Eröffnung einer neuen Straße hatte damals schon stattgefunden;
aber gebaut war noch nichts. Nur Gräben deuteten hie und da auf
die beabsichtigte Anlage hin. Derartige Schwierigkeiten hat der Reisende
heutzutage nicht mehr zu fürchten. Ich verließ Salonik am 3. Juni
früh 6 Uhr 50 Minuten und war gegen 11 Uhr in Vertekop. Schon
seit Jahresfrist waren damals die ersten durch Flachland führenden
Sektionen der Bahn eröffnet. Die weite, von fernem Gebirge umrahmte
Ebene ist bis zum Vardar, den wir auf großer Eisenbrücke queren,
sandig, von Dünenwellen durchzogen. Eigentümliche Pflanzen sollen
hier den Salzgehalt des Bodens verraten. Je weiter nach Westen, um
so fruchtbarer wird die mit Weizen, Korn und Reis nur unvollkommen
bebaute Ebene. Einen überraschenden Farbenzauber bedingen die langen,
roten Streifen von Mohnblumen, welche durch das grüne Flachland
ziehen. Das Grundwasser steht hoch; nicht eben selten sind große
Lachen zu sehen, als letzte Spuren des Hochwassers, das in der
tiefliegenden Gegend weitausgedehnte Überflutungen bewirkt. Fern von
der Bahn liegt ein großer Sumpf, der Yenidje Giöl, und nicht weit
von seinen wandernden Ufern ist das alte Pella zu suchen.

Die Ruinen eines Bassins und eine reichlich fließende Quelle,
welche beim Banyakhan zwischen Alakilisa und Yenidje Vardar am
Fuße der sanftgeböschten Süßwasserkalkschwellen hervortritt, verraten

den Sitz der Stadt, in welcher Alexander der Große das Licht der
Welt erblickte.

Bisher war trotz wiederholter Forschungsreisen aus der Gegend
der berühmten macedonischen Königsstadt nicht viel mehr bekannt, als
diese bescheidenen Reste. Nun hat im vorigen Jahre erst Freiherr
von der Goltz die Stätte besucht, und ihm ist es geglückt, in unmittel=
barer Nähe von Alakilissa senkrecht in die Erde abfallende gemauerte
Schächte nachzuweisen, welche die Zugänge zu unterirdischen Gewölben
bilden. Dazu fand er in weiter Verbreitung Säulenstücke, Reste eines
Tempels, Fragmente und ein halbzerstörtes Grabgewölbe von kunst=
vollem Bau. Goltz meint, daß die Stadt ein Areal von 4—5 qkm
eingenommen habe, was einer Einwohnerzahl von 200000 entsprechen
würde. Die Königsburg stand im See. „Sie lag auf einer Höhe nahe
dem Ufer, umgeben von im Winter und Sommer unüberschreitbarem
Sumpfgelände. Von ferne gesehen, glaubte man sie mit der unteren
Stadt in Verbindung. Erst bei näherem Herankommen war zu erkennen,
daß sie vollständig getrennt davon lag, daß nur eine leicht zu beseitigende
Brücke Stadt und Burg verband. Es war ein höchst verteidigungs=
fähiger Ort. Kein Gefangener, den der macedonische König dort ver=
wahrte, vermochte zu entspringen. Auch dessen Schätze waren ebenso
sicher geborgen." Zur Orientierung über die Fülle historischer Erinner=
ungen, welche sich mit der ganzen Gegend verknüpfen, eignet sich vor=
züglich die erst kürzlich erschienene Goltzsche Skizze.[1]

Hier sei nur darauf hingewiesen, daß Philipp Pella zur Residenz
erhob, und daß es bis zum Falle des Perseus die Hauptstadt Macedoniens
blieb. Ein Kanal verband in alter Zeit Stadt und Meer. Der Name
Pel hat sich beim Banyakhan bis auf den heutigen Tag erhalten.

Eine der auffallendsten und interessantesten Erscheinungen bilden
in der Ebene von Salonik jene von Menschenhänden aufgeworfenen
Erdhügel, welche in ihrem Schoße wohl in der Mehrzahl der Fälle die
Reste eines vor der Mitwelt irgendwie ausgezeichneten Toten bergen
oder doch wenigstens als Grabmale anzusehen sind: die Tumuli. Sie
entwachsen ganz plötzlich der Ebene oder krönen den Rücken flacher
Hügel, um das Land auf weithin zu überschauen. Ihre Form ist konisch,

---

[1] Ein Ausflug nach Macedonien, Besuch der deutschen Eisenbahn von Salonik
nach Monastyr. Berlin 1894.

ein wenig abgestumpft; zuweilen sind sie von geradezu erstaunlicher
Größe, bis 30 m hoch. Um so weniger Zweifel hege ich, daß wir es
im Fall all dieser Tumuli mit Grabdenkmalen zu thun haben, als die
Sitte, eine besondere Grabstätte so viel als möglich auszuzeichnen und
auffällig zu gestalten, großen Toten ein großes Denkmal zu errichten,
unzweifelhaft eine uralte, über ganz Europa und Asien verbreitete
gewesen ist.

Lag die macedonische Königsstadt Pella in der Mitte der Ebene,
so binden sich die modernen Städte des Tieflandes an den Fuß der
Berge, wie Kalaferia (Veria) und Niausta, die wir nur aus der Ferne
zu sehen bekommen. Sofort nach Ankunft in der Station Vertekop
mietete ich einen der bereitstehenden Landauer, um nach dem aus der
Ferne herüberblinkenden Vodena zu gelangen. Die Fahrt führte durch
eine buschige, oft parkartige Landschaft, mit Gärten, Platanen und
Ulmen, Akazien, Weiden, Kirschbäumen, Maulbeerbäumen und großen
Farrenkräutern. An der Seite der Straße erhob sich zuweilen ein
Aronstab von riesenhafter Größe mit beinahe meterlangem Kelche. Der
Weg war schlecht; wiederholt mußte der Wagen durch den Fluß von
Vodena, und mehr als einmal drohte er umzukippen. Dann fuhren
wir wieder über das holperigste Pflaster der Welt, so daß ich mich mit
Armen, Händen und Füßen festklemmen und feststemmen mußte. Das
Bild der Via Egnatia ist in diesem Teile so, als ob man nur den
Unterbau, das Skelett einer Straße vor sich hätte. In der asiatischen
Türkei sind nach meinen Erfahrungen die Straßen um sehr vieles besser
als in der europäischen.

Vodena bietet schon aus der Ferne einen überraschenden Anblick.
Von der letzten Einschnürung der Ebene an zieht ein Thal in die Berge
hinein, und dieses Thal zeigte sich jetzt durch eine sehr breite, grüne,
von blendend weißen Fäden senkrecht durchzogene Mauer versperrt.
Auf der Höhe der Mauer liegt die Stadt. Aus den weißen Fäden
werden Wasserfälle, und am Fuße der Felswand tauchen aus dem
grünen Polster die vier Türme eines großen griechischen Klosters auf.

Haben wir die auf der linken Seite der Felsmauer in vielen
Serpentinen zur Stadt hinaufführende Chaussee hinter uns, so lernen
wir in den Straßen von Vodena ein beinahe noch schlechteres Pflaster
kennen als auf dem Wege von Vertekop hierher. Die Stadt ist originell.

Sie hat winkelige, enge Gassen. Zahlreiche Wasserstränge ziehen zwischen den Häusern zum Rande der Terrasse, um ihre Fluten in die Tiefe zu schütten.

Vodena ist, aus weiter Ferne gesehen, anziehend durch das Rätselvolle seiner Lage: ein Streifen weißer Häuser und Minarés an die Kante der breiten Thalsperre geheftet. Je näher man kommt, um so anmutiger wird das Bild. Aber entzückend schön ist der Blick von irgend einem Punkte der Terrasse aus hinein in die weite, großartige Flachlandschaft. Tief unten das grüne Polster der Gärten, der Obst- und Maulbeerkulturen mit dem Kloster; weit, weit, gegen Süd die ungeheuer breite Masse des Olymp, rechts gegen Nordwest der imposante Kaimaktchalan oder Rahmdieb, wie er nach seiner weißen Mütze, die er nicht gern ablegt, genannt wird; im Südosten, vom Nebel der Ferne blau verschleiert, die Gebirge der Chalkidike. Bei gutem Wetter sollen die Türme von Salonik zu erblicken sein. Und welche Genüsse bietet erst das Herumklettern an der Steilwand! Auf Schritt und Tritt ein neuer entzückender Vordergrund; blinkend weiße, vielfach verzweigte Kaskaden, bemooste Felsen, Häuser in schwindelnder Höhe auf überhängendem Gestein, und eine entzückende Vegetation: „Granatäpfel, Kornelkirschen und Cercis bilden das Gesträuch, verschlungene Lianen, Clematis, Wein, Winden und Epheu verknüpfen deren Gezweige, und wo man dem Boden einen Fuß breit Raum gibt, erheben sich dunkle Zizyphusbäume mit ihren glänzenden Lorbeerblättern."

Schon von mehr als einem Reisenden sind die Reize von Vodena gerühmt worden. Leake sagt, es werde von keinem Ort in Griechenland an Majestät der Lage, an Größe der Umgebungen und an Reichtum der Aussicht in die weite Ebene übertroffen. Und der griechische Bischof von Vodena versicherte Grisebach, daß er dieses Paradies der Erde mit keinem andern Orte vertauschen möchte, weder mit Konstantinopel noch mit Brussa; denn nirgends sei das Wasser so rein und so kalt, nirgends die Luft so gesund, im Winter milde und im Sommer kühl. Nirgends sah der Bischof von seiner Wohnung aus so viel fruchtbares und von Gott gesegnetes Land vor sich ausgebreitet wie hier.[1]

---

[1] Grisebach, Reise durch Rumelien und nach Brussa. Göttingen 1841. Band II, S. 83.

Mag auch das Paradies der Erde an verschiedenen Orten zu suchen sein, die Natur von Vodena ist jedenfalls dazu geschaffen, in jedem Besucher und Beschauer einen nachhaltigen Enthusiasmus zu erwecken. Allein gesund ist die Wasserstadt (Voda bulgarisch das Wasser) wenigstens heutzutage nicht zu nennen. Nirgends ist die Sterblichkeit unter den Bahnarbeitern so groß gewesen, wie gerade hier. Hat doch die Mortalität während einer wenn auch kurzen Zeit die erschreckliche Höhe von 25 % erreicht! Die italienische Regierung sah sich durch diese unglücklichen Verhältnisse veranlaßt, ihre Unterthanen, welche sich in großer Zahl am Bau der türkischen Schienenstraßen beteiligen, geradezu vor Vodena zu warnen. Ein eigenartiges perniziöses Fieber soll besonders viele Opfer gefordert haben. Wo ist nun die Quelle der verderbenbringenden Krankheitsstoffe zu suchen? Wäre der beklagenswerte Zustand ein der Stadt ureigentümlicher, so würde wohl das Urteil des Bischofs anders ausgefallen sein, als oben angegeben. Jedenfalls sind die mit dem Bahnbau verbundenen Durchbrechungen des Gebirges, sowie die Aufreißungen von Fels und Boden Veranlassung zu den zahlreichen Erkrankungen gewesen. Die Beobachtung, daß bei Erdarbeiten ein latent gewesenes Bodengift in Wirksamkeit tritt, ist schon oft gemacht worden. In Vodena dürfte überdies die Anhäufung großer Arbeitermassen erhebliches zur Entwicklung der Endemien beigetragen haben.

Zwischen Vertekop und Vodena steigt die Bahn auf der Nordseite des Thales von 32 auf 307 m Meereshöhe. Sie schmiegt sich in weiteren und engeren Kurven an die Berglehnen, um die Grenze der Steigung von 25 m pro Kilometer einhalten zu können, und durchbricht das Gebirge in fünf Tunnels von 60, 155, 625, 60 und 50 m. Kurz vor der Station Vodena wird auf großem Viadukte von 300 m Radius mit drei Öffnungen von 30 m und zwei eisernen, 12,5 m hohen, auf Steinsockeln ruhenden Pfeilern bei 25 pro Mille Steigung eine Schlucht überschritten. Die bedeutendsten Arbeiten liegen jedoch hinter Vodena (110 km von Salonik) bis Kilometer 117 bei Vladova. Auf dieser Strecke ist ein Anstieg von 307 auf 481 m Meereshöhe zu überwinden. Auf nur 7 km entfallen hier die folgenden Arbeiten:

Tunnel Nr. 6 von 90 m Länge;
der zweite Viadukt mit sechs Öffnungen von 30 m und zwei eisernen

Pfeilern von 12,5 m Höhe, sowie drei von 26 m Höhe; Kurve von 300 m und Steigung von 25‰;

Tunnel Nr. 7 von 90 m Länge;
„ „ 8 „ 60 „ „ ;
„ „ 9 „ 350 „ „ ;
„ „ 10 „ 240 „ „ ;
„ „ 11 „ 85 „ „ ;

dritter Viadukt mit zwei Öffnungen von 15 m, fünf von 30 m, vier eisernen Pfeilern von 19, 40, 33 und 19 m, sowie zwei steinernen Pfeilern; Kurve 300 m, Steigung 25‰;

Tunnel Nr. 12 von 175 m Länge;

vierter Viadukt mit zwei Öffnungen von 15 m und drei von 30 m, sowie zwei steinernen Pfeilern und zwei eisernen von 19 m Höhe; Kurve 300 m, Steigung 25‰;

Tunnel Nr. 13 von 680 m Länge.

Die Tunnelarbeiten wurden von piemontesischen Arbeitern ausgeführt, welche das belgische System befolgen. Zunächst wird nämlich der obere Teil des Tunnels ausgehauen und dann das Gewölbe eingesetzt, worauf erst die Bewältigung der tieferen Niveaus vor sich geht. So lange der ganze Hohlraum noch nicht vollständig ausgesprengt ist, bleiben Felswände zur Stütze des Gewölbes stehen, und als letzter Teil der Aufgabe folgt allmählich die Beseitigung dieser natürlichen Stütze und ihr Ersatz durch Mauern. Diese piemontesische, eigentlich belgische Methode des Tunnelbaues, welche von oben nach unten fortschreitet, stellt sich hier nach Mitteilungen der Ingenieure bedeutend billiger als die französische, welche von der Sohle zum First vorgeht. Die Durchbohrung des Gebirges war mit bedeutenden Schwierigkeiten verknüpft, einmal infolge der ungünstigen Bruchverhältnisse des Gesteins (viel Serpentin) und dann wegen der Notwendigkeit, an Stelle des in der Türkei verbotenen Dynamits ohne Ausnahme Schießpulver verwenden zu müssen.

Weit verbreitet sind im Gebiete Macedoniens die auf altkristallinischem Schiefer ruhenden Kalke der Kreideformation. Sie bilden mächtige Schichtenfolgen und bauen ganze Bergzüge und Gebirge auf. Aus diesem Gestein bestehen die Höhen hinter Niausta und Karaferia; wir begegnen ihm auf dem Plateau von Vladova bis zum See von Ostrovo,

und auch auf dem weiteren Wege gegen West, auf den Bergen von
Gornitchovo, ehe die Ebene von Monastyr erreicht ist. Den gewaltigen
Kalkvorräten und kohlensäurehaltigen, wahrscheinlich ursprünglich warmen
Quellwässern verdankt die Mauer von Vodena ihr Material. Sie besteht
aus Travertin und ist auf dieselbe Weise entstanden, wie z. B. die
Kalktuffablagerungen des Apennin, die Quellabsätze von Brussa und
die versteinerten Kaskaden von Pambuk Kalessi (Baumwollschloß) in
Kleinasien.

Nach dem Zeugnis alter Schriftsteller (Glycas und Cedrenus) floß
das Wasser des Sees von Ostrovo durch den Felsen des Kastells von
Vodena unsichtbar unter der Erde und kam auf der anderen Seite
wieder zum Vorschein. Joannes Cantakuzenos wieder bemerkt, daß die
Stadt, als sie 1350 vom byzantinischen Kaiser belagert wurde, mehr
als zur Hälfte mit Wasser umgeben und wegen eines Sees unzugänglich
war; sonst boten Mauern und Türme, Abgründe und unwegsame
Thäler Schutz. Auf Grund dieser Überlieferungen stellt Grisebach
folgende drei Perioden auf für die Entwicklung des Vodathales: 1. die
Zeit der unterirdischen Abflüsse, wenigstens bis zum 12. Jahrhundert;
2. das 14. Jahrhundert, in welchem ein See bis an die Stadt reichte;
3. die letzte Periode der Wasserfälle. Grisebach stellt sich die Sache
so vor, als ob die Versperrung des Thales ursprünglich sei, und als
ob eine große Zahl von Spalten und Durchklüftungen vorhanden
gewesen, welche die absperrenden Felsen durchsetzten und den Gewässern
vom See her einen unterirdischen Lauf anwiesen. Die Spalten und
Klüfte sollen sich im Laufe der Zeit mit Kalkabsätzen gefüllt und so
das Wasser gezwungen haben, sich oberhalb zu stauen, überzufließen
und schließlich die große Kalktuffwand von Vodena zu bilden. Diesen
künstlichen Erklärungen möchte ich gegenüberstellen, daß die Hohlform
der Oberfläche von Vertekop bis hinauf zum Sumpf von Nicia alle
Merkmale eines vom Wasser gegrabenen Thalweges trägt. Unter dem
jetzigen Vodena hat ursprünglich eine Thalenge bestanden; dieselbe ist
durch Gerölle und Travertinbildung ausgefüllt worden. Durch Stauung
des Wassers entstand dann die große, das Thal abschließende Mauer.
In Kleinasien habe ich verschiedenenorts beobachten können, wie die
Kalkabsätze des Quellwassers aus losem Schutt eine feste Breccie bilden.
In einem Falle, bei Tchardy südlich vom Olymp in Mysien, lernte ich

sogar ein mit noch in Fortbildung begriffenem Konglomerat aus=
gepolstertes Flußbett kennen. Ob um die Zeit des 12. Jahrhunderts
die Voda ihren Weg zur Tiefe nicht über Wasserfälle suchte, sondern
längs unterirdischer Spalten, das dürfte also trotz der angeführten
byzantinischen Schriftsteller starkem Zweifel unterliegen.[1]) Das Vor=
handensein eines Sees oder Teiches, der die Stadt, als sie im Jahre
1350 belagert wurde, gegen das obere Thal abschloß, ist dagegen sehr
wohl denkbar.

Der Tuff von Vodena enthält viele Blattversteinerungen, und
unter diesen fand Grisebach die Abdrücke der echten Kastanie, welche
heutzutage nicht mehr in dieser Gegend vorkommt. In der Felswand
befinden sich mehrere Grotten mit prachtvollen Stalaktiten. Wahr=
scheinlich sind die älteren Ruinen von den Travertinmassen verschlungen
worden.

Ich hatte das Glück, mich in Vodena der Gastfreundschaft des
Herrn Ingenieur Meißner, welcher beim Bau der Linie als Inspektor
fungierte, sowie der Gesellschaft des Herrn Konsul Dr. Mordtmann und
Frau zu erfreuen. Wir stiegen auf schmalem Pfade an der durch
grüne Vorhänge und blendend weiße Wasserfäden geschmückten Terrassen=
wand hinab in die Gärten, die sich zu Füßen Vodenas wie ein üppiges,
weiches Polster weit gegen die Ebene zu erstrecken. Hier hat die ab=
lagernde, gesteinsbildende Thätigkeit der Nicia=Fäden eine mächtige
Decke von Tuff erzeugt, welche in ihrer Gestaltung an die flachen
Schuttkegel der Flüsse erinnert. Sie bildet den Übergang von der
Terrasse zur Ebene. Die Höhe der ersteren schätze ich auf 30 m. Im
Hofe der großen Kirche, welche unten aus grünem Baumschlag empor=

---

[1]) Das Zitat aus Cedrenus bei Grisebach (Bd. II S. 98) ist wegen des Fehlens
der Worte ἐπὶ πέτρας unverständlich. Grisebach sagt ganz richtig, es sei ein topo=
graphischer Irrtum, wenn die Voda ein Abfluß des Sees von Ostrovo genannt
wird, wie es selbst die Volksmeinung heutigen Tages noch annimmt. Cedrenus
hatte aber diese Ansicht. Nehmen wir nun an, er habe sich etwas unklar ausgedrückt,
so ergibt sich die Unzuverlässigkeit der Stelle bezüglich der Durchbohrung des Kastell=
felsens von selbst: „Kastell von Vodena auf einem schroffen Felsen gelegen, durch
welchen das Seewasser von Ostrovo abfließt, unter der Erde drunten fließend un=
sichtbar und dorthin wieder auftauchend." Für mich geht aus diesen Worten mit
Sicherheit nur der unterirdische Abfluß des Sees von Ostrovo hervor, nicht aber
das Verschwinden des Wassers in der Travertinmauer von Vodena und sein Wieder=
erscheinen am Fuße des Felsens.

taucht, untersuchte Dr. Mordtmann eine Anzahl Inschriften. Sie führten nicht weiter als in das 3. Jahrhundert n. Chr. zurück. Unter der Terrasse fanden wir im Schatten mächtiger Ulmen die Trümmer eines Heiligtums. Große Säulen lagen halb in der Erde vergraben. „All= mächtiger Herr Zebaoth, schütze dieses Haus!" stand auf einem der Steine. Dr. Mordtmanns sachkundiger Blick wies die Inschriften und Trümmer einer späteren Zeit zu, etwa dem 9. Jahrhundert.

Für die Weiterreise mietete ich in Vodena drei Pferde, deren eines mir selbst dienen sollte, während die anderen das Gepäck und den als Kavaß engagierten Albanesen Mehmed zu tragen hatten. Von der Regierung erhielt ich außerdem zwei Zuvarys[1]) der in Vodena statio= nierten Garnison, welche sich als ebenso gewandte wie dienstfertige Kavalleristen erwiesen. Daß die Behörden allen Ernstes Sorge trugen, mich wohlbehalten wieder in Vodena abgeliefert zu sehen, das zeigten die Erkundigungen, welche sie später bei der Eisenbahninspektion einzogen, als meine Rückkehr nicht so bald erfolgte, wie es dem Programm nach hätte der Fall sein sollen. Die Zuvarys beneidete ich um ihre kräftigen, feurigen, hohen Reittiere, welche, wie das gesamte Pferdematerial der türkischen Kavallerie, aus Ungarn herstammten. Ich hatte guten Grund zu solchem Neid, denn mein macedonisches Rößlein war so klein, daß ich fortwährend Gefahr lief, mit den Füßen den Boden zu streifen. Überdies hatte es die üble Gewohnheit, nicht anders als hinter dem Packpferd gehen zu wollen, und gewaltige Anstrengungen kostete es besonders während des ersten Tages, dem Tiere seinen Eigenwillen auszutreiben. So ging es am 6. Juni in den herrlichen Morgen hinein. Die beiden Zuvarys sprengten voran, dann folgte Mehmed auf hoch= gepolstertem Packsattel in Fes und schmuckem, halbalbanesischem Kostüm, ein schöner, hochgewachsener Bursche, der auf sich und seinen großen blonden Schnurrbart stolz zu sein einige Berechtigung hatte; hinter Mehmed folgte das Packpferd, und zu guterletzt kam ich selbst auf meinem kleinen widerspenstigen Klepper, den ich durch eine dem ersten besten Busche abgewonnene Gerte vergebens zur Raison zu bringen suchte. Wer eine solche Geduds= und Gefühlsprobe mit der mace= donischen Rasse vermeiden will, kann sich einem Landauer anvertrauen,

---

[1]) Zuvary = Reiter.

da in Vodena an solchen Vehikeln kein Mangel ist. Allein besonders genußreich wird ihm diese Art der Beförderung auch nicht erscheinen auf der einer breiten Mauerruine gleichenden Straße. Ein Wunder, wenn der Insasse nicht in weitem Bogen herausgeschnellt wird; ein Wunder, daß die Kutsche selbst nicht auseinanderfliegt bei den harten Sprüngen über die fest und dicht nebeneinander in den Boden gekeilten polymorphen Gesteinsklötze.

Trotz der Notwendigkeit, auf dem Wege durch das Thal der Voda meine Autorität mit Gerte und Sporen unausgesetzt geltend zu machen, blieb ich nicht blind für die Schönheiten der Natur. Die Vegetation dieser Strecke, welche bis Vladova steil ansteigt, ist schon vor langer Zeit durch Grisebach beschrieben worden. Die Grenze der immergrünen Region liegt hier bereits hinter uns. Aus der dichten, üppig wuchernden Gesträuchdecke erhebt sich der Nußbaum, in umfangreichen Beständen erscheint eine strauchartige Eiche (Quercus Esculus), dazu kommen Hopfen, Buchen, Christdorn, Colurnanüsse und Kornelkirsche. Überall wird das Gebüsch von Lianen durchrankt. Den Abschluß der Wunder des Thales bildet gegen Vladova zu ein entzückender Wasserfall, der nach Fülle und Form getrost mit den Fäden von Vodena wetteifern kann. Bis hier und weiter hinauf, bis in die Umgebung des auf der Karte vielfach als See aufgeführten Sumpfes von Nicia ziehen die Travertinbildungen. Beim Dorfe Vladova, das jetzt ein Konglomerat von Baracken ist, haben wir die Endung des Thales gegen den plateau= artigen Rücken des Gebirges erreicht. Das geschäftige Treiben in Vladova, das Durcheinander sogenannter Hotels und etwas einfacher angelegter Kantinen, leicht gebauter Wohnungen und technischer Bureaus, alles erinnert daran, daß die Bahn hier ihre größten Schwierigkeiten überwunden hat, und daß gerade im Rücken dieses Punktes die be= deutendsten Objekte gelegen sind. Es sei mir daher gestattet, noch einmal Halt zu machen und durch kurzgefaßte Angaben einen Begriff davon zu geben, wie groß die Anstrengungen gewesen sind, welche die Ge= winnung des Plateaus bei Kilometer 118 (Vladova) von Kilometer 110 (Vodena) ab notwendig gemacht hat.

Auf Vodena folgt:

      6. Tunnel 60 m lang;

      7.   „   90 „   „ ;

8. Tunnel 60 m lang;

9.   „   350 „   „ ;

10.   „   240 „   „ ;

11.   „   85 „   „ ;

Viadukt 3 mit zwei Öffnungen von 15 m, fünf von 30 m und vier
eisernen Pfeilern von 19, 40, 33 m sowie zwei steinernen Pfeilern;

12. Tunnel 175 m lang;

Viadukt 4 mit zwei Öffnungen von 15 m und drei von 30 m sowie
zwei steinernen und zwei eisernen Pfeilern von 19 m Höhe;

13. Tunnel 680 m lang.

Besonders das letztgenannte Objekt hat außerordentliche Schwierig=
keiten geboten. Der Tunnel ist erst vor kurzem vollendet worden.

Von Vladova bis Ostrovo rechnet man drei Stunden Wegs. Die
Linie hat auf dieser 18 km langen Strecke den 558 m hohen Paß zu
überschreiten, ehe sie zum Ufer des Sees von Ostrovo niedersteigt.
Letzterer liegt in 533 m Meereshöhe. Das Steigungsverhältnis beträgt
hier nicht mehr als 12 prc Mille, und so viel nur auf kurze Intervalle
des im allgemeinen sehr flachen An= und Abstiegs.

Nach Passierung Vladovas kamen wir an den Röhrichtsümpfen und
blumigen Wiesen von Nicia vorbei. Die Sümpfe werden von den
Hängen der gewaltigen Masse des Kaimaktchalan gespeist. Der gegen
Nordwest ansteigende Berg, dessen schon weiter oben gedacht worden,
leiht jedoch der Voda nur einen kleinen Teil seiner Wässer. Nur
durch Quellen läßt sich der Reichtum des Flusses und der Fälle
erklären; denn die uralte Theorie, daß der See von Ostrovo einen
unterirdischen Abfluß habe, ist nicht für bare Münze zu nehmen.
Wahrscheinlich bildet die Oberfläche des weniger wasserdurchlässigen,
kristallinischen Schiefers eine sich gegen die Nicia von allen Seiten
vertiefende Mulde, die Tagwässer dringen durch den zerklüfteten Kalk
bis auf das liegende Urgebirge und fließen auf diesem zur Tiefe von
Nicia, um hier auf Quelladern wieder zur Oberfläche zu gelangen.
Die Thatsache, daß der Spiegel des großen benachbarten Sees ca.
60 m höher liegt als der Quellensumpf, böte der Abflußtheorie die
einzige Stütze.

Immer offener, kahler wurde die Landschaft, je mehr wir uns
von dem Sumpf entfernten; immer flacher gestaltete sich der breite

Thalweg. Kalkfelsenköpfe, vereinzelte Bäume und Strauchgruppen waren über das plateauartige Gelände hingestreut. Der Wald, von welchem Grisebach berichtet, daß er sich, von Wiesen und Feldern unterbrochen, bis zur Höhe des Passes erstrecke, ist verschwunden. Die Menschenhand hat seine Grenzen um ein beträchtliches zurückgedrängt, und heutzutage muß man schon seitwärts gehen und etwas höher hinaufsteigen, um die dichten Bestände kraftvoller Cerris=Eichen, hoch= stämmiger Silberlinden, Ulmen und griechischer Velani=Eichen kennen zu lernen. Grisebach, der einen Seitengipfel des Kaimaktchalan von Ostrovo aus bestieg, unterscheidet folgende Vegetationszonen:

1. Grenze der immergrünen und Waldregion im Kessel von Ostrovo 533 m;
2. Waldregion 533—1880 m;
  a) Eichenwald 533—1130 m,
  b) Wachholdergesträuch 1130—1300 m,
  c) Buchenwald 1300—1880 m;
3. Alpine Regionen 1880—2400 m. [1])

Die macedonischen Wälder bekommen wir auf dem weiteren Wege nach Monastyr nur aus der Ferne zu sehen, und bietet auch der Rücken beim Moharem=Khan dem Blicke ein schönes Landschaftsbild, so sind es doch nur kahle Felsengebirge, welche die Umrahmung des zu unsern Füßen ruhenden Sees bilden. Nach dem Verhältnis von Länge und Breite und der nordsüdlichen, etwa 20 km betragenden Erstreckung gleicht das Wasserbecken von Ostrovo dem Starnberger See. An Stelle der hügeligen Ufer treten aber hier Bergmassen und schroffe Felsen= wände. Drüben auf der andern Seite überragt ein südlicher Ausläufer des Kaimaktchalan (2500 m) den See um nicht weniger als 400 m. Diesseits steigen die Schwellen allmählich zu den höchsten Gipfeln des Agostosgebirges (Tuzla 1000 m, Doxa 1600 m) empor. Diese Kul= minationspunkte verbergen sich allerdings hinter den niederen Wällen des Passes und liegen bedeutend nach Süd und Ost gerückt.

Nur noch ein kurzer, ziemlich steiler Abstieg, und wir sind in Ostrovo, einem bulgarisch=türkischen Dorfe.

---

[1]) Die Höhenangaben Grisebachs sind zu niedrig. Ich habe deshalb nach der Kote für das Niveau des Sees von Ostrovo, welche auf Grund des Bahnnivelle= ments eine strenge Prüfung zuläßt, die sämtlichen Fehler zu korrigieren versucht.

2*

Ich ſuchte die nicht weit vom Seeufer unterhalb des Dorfes
gelegene Baracke der Bahnunternehmung auf, kramte einige Eßvorräte
aus und ſchickte Mehmed, Zuvarys und Pferde zunächſt zum Khan, der
in Oſtrovo ebenſowenig fehlt wie eine kleine Moſchee. Die Baracke wurde
nur von einem mit Waffen geſpickten, martialiſchen Tchauſh[1] bewohnt und
bewacht. Dieſer Gute ließ ſich's nicht nehmen, mich auf eine für die
Verhältniſſe des Landes ungewöhnliche Weiſe zu bewirten. Er richtete
den Tiſch in weſtländiſcher Weiſe her und ſtellte mir die köſtlichſten
Genüſſe in Ausſicht. An Tellern, Meſſern und Gabeln fehlte es ebenſo=
wenig wie an einem neugewaſchenen Tiſchtuch. So ließ ich meine
Vorräte ruhen und wartete geduldig auf die Überraſchungen des guten
Tchauſh. Leider beſtanden dieſelben in nichts anderem als ſchlechten
Spiegeleiern und einigen Stückchen Käſe, die genau ſo hart waren wie
der Kalkſtein von Oſtrovo. Noch war ich im Zweifel, ob ich dem
freundlichen Wirte ſeine Gaben zurückſtellen dürfe, als Peitſchenknall
und Pferdegetrappel all meiner Pein ein glückliches Ende bereiteten.
Da rollte ein Wagen heran, von einem ganzen Schwarm Zuvarys
begleitet. Im nächſten Augenblick konnte ich Herrn Konſul Dr. Mordt=
mann und Frau begrüßen. Wir hatten uns hier am See von Oſtrovo
ein letztes Rendezvous gegeben.

Der Tchauſh nahm mir's nicht übel, daß ich ſeine Gaben ſtehen
ließ. Er führte uns nach Tiſch zu der am Nordende des Sees hoch
aufragenden Minaré=Ruine, in deren Nähe nach ſeiner Verſicherung kein
anderer als Alexander der Große ein ſteinernes Schriftſtück hinterlaſſen
haben ſollte. Nicht wenig that ſich der Tchauſh darauf zu gute, den
großen Iskender zu kennen. Er ſprach geläufig griechiſch, war wohl
aber valachiſcher Herkunft. Gerade unter den Valachen hat die
griechiſche Propaganda viele Proſelyten gemacht, und die Tſintſaren,
welche Anhänger des Griechentums ſind, verleugnen auf das hart=
näckigſte ihre angeſtammte Sprache, gerade ſo, wie die halb= oder kaum
gräciſierten Bulgaren nicht zugeben wollen, daß ſie Bulgaren ſind.

Bald waren wir am Ziele, und der Tchauſh zeigte uns einen
Yazyly Tash[2], auf welchem in der That der Name Alexander vorkam;

---

[1] Tchauſh = Feldwebel, auch Gerichtsdiener.
[2] Yazyly Tash = beſchriebener Stein, Inſchriftſtein.

nur hatte dieses Zeugnis einer zwar längst vergangenen, aber späteren
Zeitepoche mit dem großen macedonischen Welteroberer nichts zu thun.
Eine Marceliana hat hier ihrem Alexander, „dem liebsten eigenen
Manne aus seinen Mitteln, ihm zum liebenden Gedächtnis" einen
Denkstein errichtet, und „wer diese eingehegte Grabstätte schändet oder
verletzt, der soll dem Fiskus zahlen .... Denare und der Stadt
1500 Denare".[1]

Nahe bei dem von einem Kalkfelsenriffe geschützten Turme lagen
türkische Grabsteine, deren einer die Jahreszahl 1070 aufwies (1664 nach
unserer Zeitrechnung). Auch über das Alter der Moschee wußte der
für seinen Stand ungewöhnlich intelligente Tchausch etwas zu berichten.
Er behauptete, sie sei von Yawuz Selim, also von Selim I. (1512 bis
1520), dem Grausamen, erbaut. Es ist die Frage, wie weit man sich
auf diese Angabe über die Zeit der Erbauung verlassen soll; kann
doch der Tchausch nicht wohl dabei gewesen sein. Es ist die Frage, ob
sie auf einer am Ufer des Sees verbreiteten Tradition beruht, und,
wenn dies der Fall, ob sie ihre Entstehung nicht irgend einem erfin=
derischen Kopfe verdankt. Weit bedeutungsvoller als diese historischen
Skrupel sind nun die physikalischen Verhältnisse der zwischen den
Alluvionen und Wässern auftauchenden Felsenscholle, mit der wie ein
Leuchtturm weit über den glatten Spiegel hinausschauenden Ruine.

Ein Blick auf die österreichische Generalstabskarte zeigt das Kalk=
felsenriff mit dem Minaré noch rings von Wasser umspült, während
man jetzt trockenen Fußes zu dem Minaré gelangt.[2] Auf eine dies=
bezügliche Anfrage hatte die Direktion des k. k. geographischen Instituts
in Wien die Güte, mir mitzuteilen, die Route Gornitchovo—Ostrovo

---

[1] Herr Dr. Kubitchek hatte die Güte, mir mitzuteilen, daß die oben erwähnte
Inschrift in dem Bulletin de correspondance hellénique XVII (1893) 634 auf
Grund einer von M. Astima angefertigten Kopie ediert worden ist. Inzwischen
wurde dieselbe Inschrift auch von Dr. Mordtmann, und zwar nach einer Abschrift
Meißners, veröffentlicht (Athen. Mitteil. des deutschen arch. Instituts XVIII. 1893.
S. 419). — Herr Prof. Forchheimer in Graz hat die auf seiner Reise von Salonik
zum Adriatischen Meere gesammelten Inschriften in den Wiener Archäologisch=
epigraphischen Mitteilungen XVI S. 245—247 niedergelegt (Antiken aus Durazzo),
und wird demnächst sein Reisebericht „Von Salonik nach Durazzo" in der Samm=
lung gemeinverständlicher Vorträge von Virchow erscheinen.

[2] In der von v. d. Golz veröffentlichten Karte ist der Minaréfelsen fälsch=
licherweise als Insel eingetragen.

sei im Jahre 1875 begangen worden; nach damaliger Notiz sei der
See bei Hochwasser derart angeschwollen, daß sein nördliches flaches
Ufer um mehrere 100 Schritte verschoben, und dadurch die fragliche
Halbinsel zur Insel wurde. Nach den Aussagen der Bewohner hat
vor 20—30 Jahren eine große Überschwemmung stattgefunden, so daß
die Fluten des Sees bis an die Häuser des Dorfes reichten. Dasselbe
wurde mir von seiten desselben Gewährsmannes versichert, der uns
auf die Inschriften aufmerksam gemacht und von Yawuz Selim ge=
sprochen hatte. Von großem Interesse sind nun die Mitteilungen
Tozers, der den Sarigiöl, den Gelben See, wie das Wasser von den
Türken genannt wird, im Jahre 1861 besuchte.[1] Er erzählt, daß sich
in ca. einer halben englischen Meile (800 m) Entfernung vom Ufer ein
Minaré aus den Fluten erhebe. Dort seien nach Aussage der Ein=
geborenen die Reste einer versunkenen Stadt zu suchen, welche sich
früher einmal bis an das jetzige Ufer erstreckt haben soll. Ungefähr
60 Jahre vor Tozers Reise, so ließ sich derselbe weiter berichten, stiegen
die Wasser und verschlangen den ganzen tieferen Teil des Thales, und
etwa 35 Jahre später fand ein weiteres Steigen statt, so daß ein Teil
des Dorfes Ostrovo überschwemmt wurde. Noch einmal, im Jahre 1859,
erhob sich der See mehrere Fuß hoch, zog sich aber wieder zurück.

Von Interesse sind hier ferner die Mitteilungen Hahns.[2] „Ostrovo",
sagt derselbe, „bietet vermöge seiner zwischen den See und den ihn
longierenden Höhenzug geklemmten Lage einen malerischen Anblick,
welcher dank einer etwa 20 Minuten von dem Orte entfernten, un=
mittelbar aus dem See aufsteigenden Kuppelmoschee mit Minaré sehr
gehoben wird. Es schien, als schwämme sie auf dem Wasser und
stände dessen Spiegel bereits über dem Fundament des Baues. Denn
man versicherte uns, daß der See seit 10 Jahren um einige Klafter
gestiegen sei." Auffallend ist hier die Erwähnung einer Kuppelmoschee.
Andere Reisende wissen nämlich nichts davon, und jetzt sind von der
Djami nur die Fundamente erhalten. Die Straße führte damals längs
des steil aufsteigenden nördlichen Ufers meist auf künstlicher Grundlage

---

[1] Tozer, H. F., Researches in the Highlands of Turkey including visits
to Mounts Ida, Athos; Olympos and Pelion, to the Mirdite Albanians and
other remote tribes. London 1869.

[2] a. a. O.

hin, auf einer Kalkmauer, welche zugleich als Parapet gegen den See hin diente. Die Darstellung Hahns beweist, daß damals, im Jahre 1858, die jetzt von der Bahn durchschnittene Ebene vollständig überschwemmt war. Wie es scheint, ragte der See bis an die Berge und füllte den ganzen Nordostwinkel aus.

Als im Jahre 1863 B. Muir Mackenzie[1]) in diese Gegend kam, fand sie eine Insel mit einer Moschee in der Nähe von Ostrovo. Man erzählt sich — sagt sie —, daß diese Moschee einst im Mittelpunkte des Dorfes stand und daß die Wasser allmählich gestiegen sind; aber seit dem letzten Jahre (1862) haben sie wieder ihren Rückzug angetreten, und durch das Fallen der Flut ist jetzt ein neuer Uferstreifen enthüllt.

Sehr wertvolle Angaben verdanke ich einer freundlichen Mitteilung des Herrn Hauptmann Dühmig, welcher ganz Macedonien, sowie zum Teil Albanien und Thracien zu militärgeographischen Zwecken bereist hat. Vom 20. Januar 1887 datiert folgende Notiz dieses trefflichen Beobachters: „Die Häuser von Ostrovo sind ca. 120 Schritt (100 m) vom Ufer entfernt. Sie folgen alle der gleichen Linie, woraus ersichtlich, daß sie früher direkt am See gestanden haben müssen. Die Leute erinnern sich auch eines vor ca. 20 Jahren bis an die Häuser heran- reichenden Wasserstandes. Die Insel erstreckt sich der Länge nach von Südost nach Nordwest. Sie trägt am Nordwestende die Djami. Letztere liegt hier fast am See, dort wo die Insel in riffartigem Gefels abstürzt zum Wasser. An der breiten Nordostseite liegen tiefer, unmittelbar am Wasser, die Reste eines Bades, das noch deutlich zu erkennen ist. Die Höhe des Moscheenfußes über dem Wasserspiegel beträgt etwa ebenso- viel, wie die Höhe der ganzen Djami, nämlich 15 m. Vor der Moschee liegen türkische Gräber. Zwischen Insel und Ebene bestimmt sich der Wasserstand auf 1 m. Die Entfernung der Insel vom Ufer beträgt ca. 250 Schritt (200 m)."

Seit dem Jahre 1887 ist also der See um mehr als 1 m, meiner Schätzung nach um 1,5 m gesunken.

Eine Sichtung der Angaben ergibt folgende Perioden für das Anschwellen des Sees:

1801,   1836,   1858,   1861,   1875,   1887.

---

[1]) Travels in the Slavonic Provinces of Turkey in Europe. By G. Muir Mackenzie and P. Irby. London 1876.

Unzweifelhaft handelt es sich um dasselbe periodische An= und Abschwellen, welches für alle stehenden Binnengewässer, deren Geschichte bis jetzt verfolgt werden konnte, nachgewiesen ist. Die Binnenseen sind große Regenmesser. Über diesen Gegenstand haben die Geographen Brückner[1]) und Sieger ebenso umfassende wie hochwichtige und interessante Studien angestellt. Jede Zu= und Abnahme der Niederschläge markiert sich, sobald sie genügend lange Jahresreihen umfaßt, auf das deut=lichste im Stande ·der den Gebirgen der Erde eingesenkten Wasserbecken. Die armenischen Seen erreichten ihre periodischen Maxima in den Jahren 1810, 1840 bis 1850 und 1876 bis 1880, was annähernd mit den oben für den See von Ostrovo gegebenen Perioden stimmt. Brückner hat eine Periode der Klimaschwankungen von 34,8 + 0,7 Jahren ab=geleitet.

Als ich, auf der Rückreise von Monastyr nach Salonik begriffen, quer über den See fuhr, konnte ich die alte, hochgelegene Uferlinie besonders auf der Ostseite soweit verfolgen, als das Auge reichte. Diese erhöhte Wasserspur liegt etwa 4 m über dem jetzigen Niveau. Daß sich die Fluten jetzt so ziemlich auf ihren tiefsten Stand zurückgezogen haben, steht fest. Mit ebensogroßer Bestimmtheit läßt sich ein wieder=holtes Anschwellen, das nach einer Zeit von 20 Jahren oder früher ein neues Maximum erreichen muß, voraussagen. Das Bahngeleise hält sich dort, wo es das Nordufer des Sees entlang zieht und die Alluvionen der Ebene von Ostrovo, jugendliche Sedimente des Sees, im Rücken hat, nach den mir zugegangenen Profilen zwischen Kilo=meter 135 und Kilometer 141 an Niveaus von 536,4; 539,4; 530,9; 539,4. Bei einem Steigen des Seespiegels um 5 m wird also die Bahn zum Teil überflutet werden. Jedenfalls steht eine Gefährdung des Bahnkörpers zwischen Kilometer 135 und 141 zu erwarten, und es wird nach einer Reihe von Jahren unumgänglich erscheinen, die Trace unter Benutzung der Berzlehnen weiter gegen Nord hin ausgreifen zu lassen. Nun, glücklicherweise hat es die Natur so eingerichtet, daß der

---

[1]) Brückner: Klimaschwankungen seit 1700. Geographische Abhandlung von Penck. Wien und Olmütz 1890. — Sieger: Schwankungen der hocharmenischen Seen seit 1800, verglichen mit einigen verwandten Erscheinungen. Mitteilungen der k. k. Geographischen Gesellschaft. Wien 1888. — Zur kurzen Orientierung empfiehlt sich des Verfassers Aufsatz: Klima= und Seespiegelschwankungen. Nr. 8 der Geo=graphischen Tagesfragen. Allgemeine Zeitung, Beilage, 1889, Nr. 265.

neue Schienenweg nicht plötzlich verschlungen wird. Das angeführte Beispiel beweist aber, in wie enge Berührung die Fragen der Erdphysik mit Aufgaben der Technik treten können. Beispiele ohne Zahl wären namhaft zu machen, wenn es sich hier darum handelte, die Bedeutung der Geologie für die Eisenbahnpraxis klarzulegen, und nicht zu langer Zeit wird es bedürfen, bis der praktische Fachgeologe und der Ingenieur intensiver zusammenarbeiten, als es jetzt noch der Fall sein kann.

Stille sind die Ufer des Sees von Ostrovo. Lange Strecken der Umrandung liegen vollkommen leblos da. Unterhalb des Dorfes sind drei junge Zigeunerinnen damit beschäftigt, ihre einem kleinen Esel aufgebürdeten Gefäße, alte Petroleumblechkisten, mit Wasser zu füllen. Das Blech spielt auch in den europäischen, nicht allein in den asiatischen Ländern der Türkei eine Rolle. Auf der Verarbeitung des Petroleum= blechs beruht ein ganzer Industriezweig. Jede Stadt hat ihre Tene= kedji.[1]) Man macht sogar Trompeten aus diesem Blech, und in Salonik sah ich einen fahrenden Sänger, der seine Vorträge mit takt= mäßig ausgeführten Schlägen gegen einen schon arg mitgenommenen Erdöleimer begleitete.

Interessant sind die kleinen Fahrzeuge, mit welchen die Fischer den See befahren. Diese Boote werden aus zwei ausgehöhlten Baum= stämmen zusammengesetzt. Man könnte sie Zweibäume nennen. Der See ist fischreich; doch wird die Fischerei, wenn auch mit Hilfe großer Netze, in sehr beschränkter Weise betrieben.

Die Boote sollen übrigens sehr unzuverlässig sein. Aber die Fischer fahren nicht weit hinaus in den See, und wer hier Schiffbruch litte, der fände mehr als eine Nausikaa; in der Nähe der Felsen stehen nämlich lange Reihen hochgeschürzter bulgarischer Wäscherinnen.

Für den Verkehr quer über den See unterhält die Bahnverwaltung eine geräumige Barke. Wer ethnographische Studien machen will, der thut gut, sich mit Benutzung dieses Fahrzeuges in etwa zwei Stunden nach Patelli hinüberrudern zu lassen, nach »Patelli les bains«, wie die Ingenieure in Vodena sagen, weil die an letzterem Orte Erkrankten, falls es irgend angeht, nach dem seiner reinen, vorzüglichen Luft und auch sonst gesunden Verhältnisse wegen berühmten Patelli geschickt

---

[1]) Teneke = Blech; Tenekedji = Blecharbeiter.

werden. Das echt bulgarische Dorf liegt auf Felsen, zwischen See und
Gebirge. Es ist auch durch sein originelles Treiben der reizvollste Ort
auf der ganzen Strecke Salonik—Monastyr, obschon Bodena seiner
landschaftlichen Vorzüge wegen unbedingt die Krone verdient. Still
ist's in Patelli, wie überall im Schoße der großen, von blauer Flut
gefüllten Hohlgasse, als ob der See jeden Ton, jeden Laut verschlänge.
Aber dennoch gibt es auf Schritt und Tritt ein neues farbiges, leben=
diges Bild zu sehen in der Straßen, zwischen den niederen, mit flachen,
Moos übersponnenen Ziegeldächern versehenen Steinhäusern, oder unten
am Wasser, am Fuße der Felsen. Die Häuser sind dunkelfarbig; kleine
Fenster durchbrechen die dicken Bruchsteinmauern und verstärken den
Eindruck des Burgartigen.

Abends versammeln sich vor dem »Hôtel du monde«, dessen zu
ebener Erde gelegenes, durch nackten Boden ausgezeichnetes Schenklokal
auf das allerlebhafteste an eine Räuberhöhle erinnert, Scharen monte=
negrischer Bahnarbeiter, hohe, schöne Gestalten, die kleine, an die
Cerevismütze unserer Studenten erinnernde Kopfbedeckung mit dem
roten, goldverzierten Deckel schief auf das Haupt gedrückt, in ihren
flotten, malerischen Trachten, jeder einen dicken Knüppel in der Faust.
Waffen darf kein Fremder tragen, der nicht speziell ermächtigt ist und
diese Ermächtigung durch ein Tezkere[1]) erhärten kann. Auch den Bul=
garen, überhaupt den Christen, ist das Tragen von Waffen strenge
untersagt. Dagegen dürfen die mohammedanischen Macedonier mit
Pistolen, Yatagan und Flinten ausgerüstet ihres Weges ziehen. Bei
Begegnung mit einem Türken steigt der bulgarische Bauer heutigen
Tages noch vom Pferde.

Am frühen Morgen gehen die Weiber von Patelli mit Krügen zum
Ufer hinunter, um Wasser zu schöpfen. In stolzer Haltung tragen sie
dann die großen Thongefäße auf dem Kopfe zum Hause. Der Krug
ruht nicht unmittelbar auf dem Haupte; ein ringförmiges Kissen dient
hier wie auch sonst im Orient und bei uns in den Alpen als Stütze
der schweren Last.

Der Wasserrand ist bei Patelli fast den ganzen Vormittag belebt.
Da kommen auch die Hausfrauen, um die Kochkessel zu reinigen; auf

---

[1]) Tezkere = Zettel, Paß. Silakh tezkeressi = Waffenpaß.

den felsigen Vorsprüngen stehen Dirnen bei der Wäsche. Die bul=
garischen Frauen müssen tapfer zugreifen; denn nicht allein für den
Haushalt haben sie Sorge zu tragen, auch auf den Feldern finden sie
Arbeit genug. Die Männer sind nicht müßig, leisten aber doch viel
weniger als ihre besseren Hälften. Sie säen und pflügen oder gehen
in den Wald, um Holz zu sammeln, während die Frauen stricken und
flicken, weben, kochen und waschen, Kleider aus Flachs oder Schafwolle
fertigen, für die Kinder sorgen, die Gartenarbeiten verrichten und bei
der Wein= und Getreideernte eine eifrige Thätigkeit entfalten.

Die Tracht der Frauen besteht in dicken Strümpfen, kurzem,
gewirktem Rock, breitem Gürtel und einem Kopftuch, das zuweilen lang
über den Rücken hinabhängt.

Die Bulgaren halten viel auf Zucht und Sitte. Kein Mädchen,
das sich offenkundig vergangen, würde einen Mann finden, und die
sich heimlich vergangen, liefe Gefahr, in der Hochzeitsnacht wieder nach
Hause gejagt zu werden. Die bei der Hochzeit zechenden Burschen
verlangen sogar überzeugende Beweise, und wenn diese von irgend einem
unglücklichen Bräutigam nicht beigebracht werden können, dann geht die
Zechgesellschaft verdrießlich auseinander; dann kommt es nicht, wie bei
einer regelrechten Hochzeit, zu dem fröhlichen Flintengeknatter, welches
auf weite Runde hin verkünden soll, daß die Ehe in aller Form ge=
schlossen worden.

Folgendes kleine Beispiel möge beweisen, wie genau es die Bul=
garen mit Zucht und Sitte nehmen. Ein bei der Bahn beschäftigter
Kroate hatte sich in ein bulgarisches Mädchen verliebt. Er war, da
es an gegenseitiger Zuneigung nicht fehlte, entschlossen, seine Erkorene
zu heiraten. Allein die Eltern weigerten sich. Eines Tages trifft nun
der Bursche seine Liebste im Weinberge. Rasch entschlossen faßt er sie
und drückt ihr vor den versammelten Bäuerinnen einen Kuß auf die
Lippen. Er glaubt, da schon der Kuß als Entehrung gilt, durch diesen
Staatsstreich endlich in den Besitz seines Schatzes zu gelangen. Aber
das ganze Weibervolk stürzt wie eine Welle gegen den Missethäter und
verfolgt ihn bis zum Dorfe, bis in das Haus sogar, in dem er Zu=
flucht sucht. Er wäre sicher getötet worden, wenn sich nicht die
Zuvartys seiner angenommen hätten. Das Mädchen war geschändet;
der Bursche mußte aus dem Lande.

Halten die Bulgaren viel auf die Keuschheit der Mädchen, so soll die eheliche Treue nicht so niet= und nagelfest sein. Übrigens gehen die Männer nicht selten auf viele Jahre in die Fremde, um sich anderweit, wo das Geld weniger Wert hat und die Arbeit mehr gilt, ihren Unterhalt zu verdienen. Nach ihren bescheidenen Verhältnissen mit Schätzen beladen, kehren sie dann in die Heimat zurück. Die Bulgaren sind vorzügliche Handwerker; besonders als Maurer werden sie im Orient geschätzt und gesucht. Das Wandern der Familienväter ist eine über den ganzen Orient verbreitete, mehr unter Christen als unter Mohammedanern beliebte Sitte. Die Bulgaren sind sehr abergläubisch. Großen Einfluß haben besonders bei den Frauen die Popen.

Bulgarenarbeit ist es, welche die Ebenen Macedoniens zu reichen und blühenden Ländereien gemacht hat. Überall auf dem Wege von Salonik bis Monastyr sieht man Spuren desselben Fleißes. Leider schmachtet ein sehr großer Teil des Volkes in den Fesseln der Knecht= schaft. Nur wenig von der Ernte kommt dem armen Bauern zu, der im Schweiße seines Angesichts das Feld bestellt. Der größte Teil des Eingebrachten gehört dem Gutsherrn, dem Eigentümer des Bodens. Nicht nur, daß das Land überstreut ist mit Herrengütern; ganze Dörfer sind in fremden Händen. Die Bezeichnung „Tchiftlyk“, auf solche Herren= güter oder Herrendörfer angewandt, hat deshalb hier auf europäischem Boden eine wesentlich andere Bedeutung als auf asiatischem.[1])

Von der Nachbarschaft des Ägäischen Meeres bis zur Grenze Albaniens reicht das rührige, geduldige und friedliebende Volk der Bulgaren. Die Südgrenze seines Bezirkes beginnt am Grammos= gebirge, wendet sich von hier aus nach Osten, berührt Kastoria, Verria, geht an Salonik vorbei und verläuft von da an unregelmäßig, ohne die Küste des Ägäischen Meeres zu erreichen, welche überall von Griechen besetzt ist.[2]) Felder und Gärten sind wohlgepflegt, auch in der Kleidung zeigen die Bulgaren Sinn für Ordnung. Sogar ein gewisser feiner Kunstsinn spricht sich in der geradlinigen, roten Verzierung der Ge= wandeinfassung aus. Die Freude an Form und Farben bethätigt sich ferner in den stilvollen originellen Silberarbeiten, Stickereien, Holz=

---

[1]) Tchiftlyk = Meierhof, Landhaus, Farm.

[2]) Oppel, A., Zur Ethnographie der Balkanhalbinsel. Globus, 57. Bd., S. 77.

schnitzereien und in der Teppichindustrie. Es wird sich empfehlen, einen kurzen Blick auf die Geschichte des interessanten Volkes zu werfen.

In den frühesten Zeiten des byzantinischen Reiches waren die Bulgaren — ursprünglich Abkömmlinge finnisch-uralischer Stämme, später aber so stark mit den Slaven vermischt, daß sie deren Sprache annahmen — die erbittertsten Feinde der Rhomäer. Anfang des 9. Jahrhunderts erfocht ihr König Krum große, blutige Siege. Er überwältigte Nicephorus I. und verwandelte dessen Schädel in eine Trinkschale für seine Tafel. Im Jahre 864 wurde das Land südlich vom Balkan an Bulgarien abgetreten, und das Christentum fand Eingang. Die Bulgaren entwickelten sich hierauf zu einem handeltreibenden Volke. Als solches vermittelten sie den Verkehr zwischen den germanischen und skandinavischen Völkern einerseits und den Byzantinern andererseits, den Verkehr zwischen Europa und Asien. Im 10. Jahrhundert wurden Macedonien und Thessalien bulgarisch. Presba erhob sich zur Hauptstadt des Reiches, dessen Gebiet sich nun von einem Meer zum andern erstreckte. 1002 schlägt Basil II., der „Bulgarentöter", in der Schlacht von Üsküb das Heer der Bulgaren, und zwölf Jahre später führt derselbe den vernichtenden Schlag bei Demirhissar, nordöstlich von Salonik am Ufer der Struma. Der barbarische Sieger, ein echter Byzantiner, läßt alle Gefangenen blenden. Dieses furchtbare Schicksal vermag der unglückliche Zar Samuel nicht zu verwinden. Sein Tod besiegelt den Zusammensturz des Reiches.

Noch einmal, gegen Ende des 12. Jahrhunderts, werden die Bulgaren frei. Aber die durch das Brüderpaar Peter und Asen begründete Herrschaft dauert nicht lange; schon im Jahre 1393 findet sie ein frühzeitiges Ende.

Ob nun, wie nicht eben selten behauptet wird, das macedonische Land der türkischen Oberhoheit wirklich so müde ist? Ob diejenigen Politiker recht haben, welche behaupten, daß es mit dem Türkentum in Europa ein baldiges Ende nehmen müsse? Die Griechen, die Serben, die Bulgaren glauben ein altangestammtes Recht auf Macedonien zu haben, und hinten in den albanesischen Bergen hegt so mancher den Wunsch, daß die mirditischen Freiheitsgelüste zur That werden möchten. Unter allen Völkern der Balkanhalbinsel würden unstreitig die Bulgaren als Kulturvolk am ehesten berufen sein, ein Joch abzuschütteln, wenn

kulturell oder politisch die Notwendigkeit hierzu bestände. Aber gerade die
Bulgaren sind die friedfertigsten und lenksamsten Unterthanen. Sie werden
trotz des Beispiels ihrer Stammesgenossen an der Donau, trotz aller Agitation
und der neuerdings in Angelegenheiten der Schule und der Religion wieder
sehr offen hervorgetretenen, aber nunmehr glücklich beseitigten Differenzen
keinen Brand entfachen. Viel eher sind die Herren Albanesen zu fürchten.
Ihre hartnäckigen, bis in die jüngste Zeit herabreichenden Versuche,
sich frei zu machen, sind zur Genüge bekannt. Doch werden die albanesischen Gelüste der Losreißung durch weise Maßnahmen der türkischen
Regierung, durch Wachsamkeit und Respektierung alter Sitten und
Gewohnheiten, Einrichtungen und Rechte in Schach gehalten. Überhaupt muß anerkannt werden, daß die Lenkung des Staatsschiffes in
diesem Gewirr von Rassen, Interessen und Bekenntnissen mit Geschick
erfolgt. Allerdings ist die Verwaltung noch immer mit Mißständen
behaftet; auch mögen die Klagen über Bedrückung und Übergriffe auf
macedonischem Gebiete eine gewisse Berechtigung haben. Ererbte Übel
lassen sich jedoch nicht mit einem Schlage beseitigen. Der Bauer kann
sich nur langsam aus der Indolenz heraus emporarbeiten zu höherer
Kultur, und die Rechte des einzelnen Staatsbürgers werden von Seite
des Beamtentums um so gewissenhafter gewahrt werden, je fester sich
die isolierten Produktionsgebiete mit dem Ganzen zusammenzuschließen
vermögen. Die Entwicklung des Straßen- und Bahnnetzes, die Vervollkommnung der Wirtschaftsmethoden, die Hebung der Bodenschätze,
all diese Bestrebungen führen Land und Volk einer hoffnungsvollen
Zukunft entgegen. An „Ernst und Verständnis" fehlte es nicht in den
maßgebenden Kreisen, obwohl das Gegenteil nur zu oft behauptet
worden ist, und an der Durchführung von Verbesserungen, „welche
das türkische Reich in die europäische Kulturbewegung hineinzuziehen
befähigte", wird an den Centralstellen mit Eifer gearbeitet. Kleine
Rechtsverletzungen, Reibungen zwischen den verschiedenen Religions-
gemeinschaften werden nur zu oft aufgebauscht zu himmelschreienden
Beispielen einer allgemeinen Knechtung der christlichen Bevölkerung.
Und wenn der christliche Bauer unter allzu großem Steuerdruck leidet,
so hat er sich, sobald er der griechisch-orthodoxen Kirche angehört,
nicht allein über die staatlichen, sondern auch über die kirchlichen Behörden zu beklagen; denn die von den Bischöfen geforderten Abgaben

sind enorm hoch. Wie sehr die Pforte bemüht ist, den begründeten
Anforderungen all ihrer Unterthanen ohne Unterschied des Glaubens
gerecht zu werden, das zeigt die jetzt erfolgte glückliche Lösung der
bulgarischen Schulfrage. Die Zeitungen melden hierüber unter dem
27. April aus Konstantinopel: „Die hohe Freude, welche der kaiserliche
Jradé, betreffend die bulgarischen Schulen in Macedonien und die
Ernennung von zwei bulgarischen Bischöfen, in allen bulgarischen Kreisen
hervorgerufen hat, ist vollauf berechtigt. Der Erfolg, welchen die
bulgarische Politik damit errungen hat, liegt nicht allein in der Regelung
der Schulfrage. Diese Angelegenheit sobald als nur möglich zu ordnen,
lag im eigenen Interesse der Pforte. Dieselbe hat auch schließlich in
dieser Affaire gar keine neuen Zugeständnisse gemacht, im Gegenteil
einen gewissen Erfolg damit erreicht, daß das Exarchat den türkischen
Forderungen teilweise nachgeben mußte, indem z. B. die Schulen jetzt
nicht mehr Gemeindeschulen, sondern auf den Namen der Bischöfe oder
in den Eparchien, wo der Bischofssitz unbesetzt ist, auf den Namen der
Ruchanie wekili (geistlicher Repräsentant des Exarchen) konzessionierte
Schulen, also gewissermaßen Kirchenschulen sein werden. Für die
Bulgaren bleibt es aber immerhin ein großer Gewinn, daß sie nun
ihre eigenen Schulprivilegien besitzen und sich nicht mehr
auf die Privilegien der ihnen feindlichen griechischen
Kirche berufen und stützen müssen. Ferner liegt eine große
indirekte Bedeutung in dem Zustande, daß die Pforte durch die künftige
Verleihung der Konzessionen an die »Ruchanie wekili«, diese Reprä-
sentanten des Exarchats, die bisher den türkischen Behörden gegenüber
keine rechtliche Stellung eingenommen haben, als Stellvertreter der
fehlenden Bischöfe anerkennt. Die Hauptbedeutung des Jradé liegt
aber in der Gewährung des Berats für die beiden Bischofssitze Nevrokop
und Velese (Köprülü). Bekanntlich wurden der bulgarischen Kirche in
Macedonien vier Bischofssitze mit dem Ferman vom Jahre 1870 zu-
gestanden. Bei Ausbruch des Krieges mit Rußland mußte das Exarchat die Bischöfe abberufen, und diese Bistümer durften seither nicht
besetzt werden. Erst vor vier Jahren gelang es dem Exarchat mit
Unterstützung der den Bulgaren freundlich gesinnten Mächte, den Berat
zur Besetzung der Metropolitensitze von Üsküb und Ochrida zu erlangen.
Mit den Berats für Velese und Nevrokop erlangt nun das Exarchat

ben Status quo, wie er nach dem Ferman vom Jahre 1870 bis zum Ausbruch der kriegerischen Ereignisse mit Rußland bestand."

Der Reisende gewinnt überall den Eindruck staatlicher Ordnung. Fast allenthalben wird die Autorität der Obrigkeit respektiert, und wenn es in den einsamen Winkeln der Berge drinnen zuweilen noch vorkommt, daß Haiducken ihr Unwesen treiben, so fehlt es gewiß nicht an Anstrengungen, diesen Übergriffen zu steuern. In der europäischen Türkei herrscht an Soldaten kein Mangel. Große Truppenmassen liegen in Monastyr. Es gibt sicherlich Beweise genug, daß die Regierung fest entschlossen ist, den geschmälerten Besitz mit fester Hand zu halten. Anzeichen hierfür sind nicht allein die militärischen Maßnahmen im Innern von Macedonien, sondern auch der Ausbau der strategischen Linie Dedeaghatch—Salonik und die kürzlich eröffnete Bahn Salonik—Monastyr.

Es ist für den Fernstehenden ungeheuer schwer, die verwickelten Nationalitäts- und Religionsverhältnisse Macedoniens zu durchschauen. Deshalb möchte ich noch auf die politischen und religiösen Propaganden hinweisen, welche auf dem Gebiete der europäischen Türkei arbeiten. Es gibt eine serbische, eine bulgarische, eine griechische und eine römisch-katholische Propaganda. Als Gustav Weigand im Jahre 1890 nach der an der Vardar-Linie gelegenen Station Györgyöli kam, um sich nach dem westlich gelegenen Lhumnitsa zu begeben, fand sich ein Zinzare Namens Kivernits bei ihm ein, Leiter der griechischen Propaganda und Inspektor der griechischen Schulen. Weigand, der diese Gegenden bereiste, um die Sprache der macedonischen Valachen zu studieren, war bereits in griechischen Blättern bei der türkischen Regierung als rumänischer Propagandist verdächtigt worden. In der Folge that der genannte Kivernits alles Mögliche, den deutschen Gelehrten von seiner Bereisung des valachischen Gebietes abzuhalten. Auf diese Intriguen hin weigerte sich der Kaimakam, die erforderliche militärische Eskorte zu bewilligen, und nur mit Mühe und Energie gelang es dem Reisenden, zwei Zuvarys zu erhalten. Schon dieses Beispiel ist geeignet, die eigentümlichen Zustände der europäischen Türkei zu beleuchten. Ein anderes möge das versteckte Treiben der Propagandisten in noch drastischerer Weise aufhellen.

Vor fünf Jahren erſchien in Wien ein großes Werk: Macedonien und Alt-Serbien, verfaßt von dem als Schriftſteller und Journaliſt bekannten Serben Spiridion Gopčerić. Gleich im erſten Kapitel wird dem Leſer verſichert, daß ein gewiſſer Dimitrij Petrov, „Bulgare aus Konſtantinopel", den Autor zu einer gemeinſchaftlichen Bereiſung der im Titel genannten Länder veranlaßt habe. Zweck der Unternehmung war Feſtſtellung der ethnographiſchen Verhältniſſe Macedoniens und Alt-Serbiens. Die Koſten hatte Petrov zu tragen. Ein Vertrag beſiegelte die Abmachungen. Das Ergebnis der „Forſchungsreiſe" läuft im weſentlichen auf die ſogenannte Entdeckung hinaus, daß die fraglichen Gebiete nicht von Bulgaren, ſondern von Serben bewohnt ſeien, da die Sprache der Bewohner ſerbiſch ſei und dieſelben die „Slava", das Feſt des Schutzpatrons, feierten. Von allen ſlaviſchen Völkern, ſo werden wir belehrt, ſind es die Serben allein, welche die Slava feſtlich begehen. Sehr drollig nimmt es ſich aus, wie Gopčerić und Petrov vor Antritt der Reiſe über die künftige Teilung der europäiſchen Türkei verhandeln. „Keine Nationalität," ruft der erſtere aus, „darf in ihren Rechten verkürzt werden!"

Es iſt ein wunderliches Buch, mit dem wir es hier zu thun haben. Alle vorgehenden Reiſenden haben nach Anſicht des Verfaſſers „Unſinn behauptet, der keine Berückſichtigung verdient". Das Werk wimmelt von Kraftausdrücken; der Autor liebt ſich ſelbſt und verachtet die andern. Petrov, der bedauernswerte bulgariſche Rentier, der ſein Geld nicht nur umſonſt ausgegeben, ſondern ſogar feindlichen Zwecken geopfert hat, wird bei jeder Gelegenheit ſo lächerlich gemacht und verhält ſich dabei ſo zahm, daß ſich der Leſer des Gedankens kaum erwehren kann, Petrov müſſe eine Puppe ſein, die ſich Gopčerić für ſeine Zwecke und nach ſeinem Geſchmack zurechtgezimmert habe. „Der vorläufige Bericht," ſo heißt es am Schluß des erſten Teiles, „den ich über meine Entdeckungen veröffentlichte, hat in Serbien lebhafte Erörterungen hervorgerufen. Wie ich vernehme, ſind alle Parteien ohne Ausnahme darüber einig, daß Alt-Serbien und Macedonien, ſoweit ſie von Serben bewohnt ſind, unter keiner Bedingung mit Bulgarien vereinigt werden dürfen. Man iſt entſchloſſen, darüber lieber einen Vernichtungskampf zu führen und in einem ſolchen Falle die ganzen verfügbaren Streitkräfte — 215000 Mann — zu mobiliſieren. Man hofft, daß ſich dann nicht mehr Slivniţa, sondern Velbužd wiederholen wird . . . . Qui vivra verra!"

In einer 1890 erschienenen Broschüre von Karl Hron: „Das Volkstum der Slaven Macedoniens. Ein Beitrag zur Klärung der Orientfrage" wurden nun Gopčerić folgende Vorwürfe gemacht:

1. der Bulgare Petrov ist erfunden;
2. die Reiseerlebnisse sind erdichtet und die von Gopčerić in seinem Werke beschriebenen Gegenden sind nicht von ihm bereist;
3. die statistischen Tabellen sind Plagiat.

Gegen diesen Angriff hat sich Gopčerić auf eine ebenso selbst= gefällige wie gehässige Weise zu verteidigen gesucht. Er führt selbst an, daß seit 15 Jahren die 115 hervorragendsten Zeitschriften Europas, Asiens, Amerikas und Australiens seine Arbeiten teils im Urtext, teils in Übersetzungen veröffentlicht, nahezu 300 Blätter aller Länder seine Werke besprochen haben; daß ferner seine Biographie Eingang in so und so viele Konversationslexika gefunden, sowie daß er 13 Sprachen geläufig spreche, 14 andere radebreche und in Europa, Asien und Afrika über 150000 km bereist habe. Der Kritiker Hron wird dagegen durch Bekanntmachung eines gegen ihn angestrengten Prozesses und ver= schiedener über ihn verhängter Disziplinarstrafen zu diskreditieren ge= sucht. Was die Echtheit des bulgarischen Unternehmers betrifft, so veröffentlicht Gopčerić zu seiner Rechtfertigung zwei Briefe, einen von Petrov und einen von sich selbst. Der erstere, datiert London, den 5. Juni 1889, beklagt sich zunächst über den Mangel an Rücksicht, welchen Gopčerić seinem Reisegefährten erwiesen. Petrov bemerkt so= dann, daß er die Rache seiner Landsleute fürchten müsse, und sagt wörtlich: „Daher bitte ich Sie inständigst: Wenn man fragt, wer ich bin und wo ich mich befinde, verraten Sie mich nicht". In der Ant= wort auf diesen Brief gibt Gopčerić das verlangte Ehrenwort, einen „Verrat" nicht zu üben. Die Gefahr, in welcher sich Petrov befindet, sowie das auf der andern Seite gegebene Versprechen machen es nun unmöglich, den Petrov nachzuweisen. Wir aber gewinnen die Über= zeugung, daß er überhaupt nie existiert hat, und es müssen wohl dem= zufolge die Gopčerićschen Resultate einstweilen ad acta gelegt werden.

---

[1]) Die Wahrheit über Macedonien. Wien 1890. Verlag der „Welt".

Ich habe eine im Verhältnis zum Umfange meiner Skizze etwas aus=
führliche Darlegung der Angelegenheit geboten, weil den Gopčerićschen
Ausführungen von Seite mancher Geographen mehr Wert beigemessen
wird, als sie offenbar verdienen.[1]

Das macedo=flavifche Volkstum zeigt nach Raffentypus und Tracht
so große Verschiedenheiten, daß die Frage der Abstammung augenblicklich
gar nicht zu entscheiden ist. „Die Sprache," sagt C. Sax[2], „ist nur
eines der verschiedenften Kennzeichen der Nationalität; ein anderes,
ebenfo wichtiges ift im Orient die Religion, und noch ein nicht zu
überfehendes Merkmal ift das eigene nationale Bewußtfein, welche drei
Kennzeichen miteinander kombiniert werden müffen; ich spreche gar nicht
von der Völkergeschichte, vom physischen Typus, von den Gebräuchen

---

[1] Im Litterarifchen Centralblatt erschien ein Referat, unterzeichnet W. G.,
worin behauptet wird, die mitgeteilten Erfahrungen machten den Eindruck der
Naturwahrheit; Referent habe in der Vardar=Linie selbst „die wichtige Thatsache
konftatiert, daß die Leute sich zwar für Bulgaren ausgeben, aber dies in serbischer
Sprache thun"; auch will Referent „ganz ähnliche Zwiegespräche über die Nationalität,
wie sie Gopčerić erzählt", mit einzelnen Leuten gehalten haben. Gopčerić verfehlt
natürlich nicht, sich dieses nichtserbische Urteil in seiner Verteidigung: „Die Wahrheit
über Macedonien" zu nutze zu machen. — In dem kürzlich erschienenen 9. Bande
der Kirchhoffschen Länderkunde von Europa sagt Theobald Fischer (S. 151): „Unter
den Südslaven der Halbinsel stehen der Zahl und der Zeit der Einwanderung nach
oben an die Serben, namentlich wenn die Behauptung Gopčerićs, daß die slavischen
Bewohner Macedoniens nicht Bulgaren, sondern Serben seien, von seiten streng
wissenschaftlicher, ethnologischer, linguiftisch=hiftorischer Forschung Bestätigung finden
sollte. Jedenfalls spricht manches für das Serbentum der macedonischen Slaven,
so daß man, ohne die Frage als entschieden anzusehen, dieselben jedenfalls nicht
unbedingt zu den Bulgaren rechnen darf. Wir bezeichnen diese Slaven heute am
beften als Macedonier." — Eine sehr beachtenswerthe Beurteilung über das Werk
von Gopčerić findet sich im Globus 1890, 57. Band: J. A. Oppel, Zur Ethnographie
der Balkanhalbinsel.
Selbst die Abbildungen bei Gopčerić können, mit Ausnahme der Landschafts=
bilder, so bestechend sie sind, einen wissenschaftlichen Wert nicht beanspruchen. Keiner
von all denen, die sich mit photographischen Aufnahmen auf Reisen beschäftigt haben,
wird dem Autor glauben, daß auch nur eines der ethnographischer Bilder irgendwo
anders als im Atelier gemacht worden sein könne. Die Aufnahmen sind eben
nicht selbst gefertigt, wie uns Gopčerić glauben machen will; sie sind gekauft, zu=
fammengetragen. Da wird es wohl auch mit der Erklärung der Illuftrationen nicht
immer seine Richtigkeit haben.
[2] Erläuterungen zu der ethnographischen Karte der europäischen Türkei und
ihrer Dependenzen zur Zeit des Kriegsausbruches im Jahre 1877. Mitteilungen
der k. k. Geographischen Gesellschaft in Wien 1878, XXI. Bd.

und derartigen selbstverständlichen, aber ferner liegenden Merkmalen." Sax unterscheidet auf macedonischem Gebiet: Bulgaren griechisch=ortho= doxer Religion, solche der schismatisch=bulgarischen Kirche, Gräco=Bulgaren oder halb hellenisierte Bulgaren der griechisch=orthodoxen Kirche, Griechisch= Katholische oder unierte Bulgaren, und Pomaken oder Bulgaren moham= medanischer Religion.

Ehe wir nun von unserer Exkursion nach Patelli und in das Gebiet der Ethnographie zu der Minaré=Ruine von Ostrovo zurückkehren, möge die Bahn ins Auge gefaßt werden, soweit sie den See gürtet und die Höhe zwischen Ektchisu und Banitza im Südwesten des Sees überwindet, um in die Ebene von Monastyr einzuführen. Bei Kilometer 140 lenkt die Linie, nachdem sie dem Nordrande des Sees gefolgt ist, aus der westlichen in die südliche Richtung um und hält sich nur an die steilen Felsenlehnen des Ostufers. Hier fallen die Wände so steil zum Wasser ab, und an eine so ebene, nach dem geradlinigen Ufer orientierte Fläche sind sie gebunden, daß schon diese Erscheinungen auf eine große Dis= lokation in der Erdkruste hinweisen. Senkrechte Rippen verlaufen an den Wänden. Sie sind als Spuren einer großartigen Abrutschung zu deuten. Das ganze, langgestreckte Becken von Ostrovo stellt eben den Einbruch eines streifenförmigen Stückes der Erdrinde vor. Die Falten der Kreideschichten scheinen durch die Dislokationsfläche quer abgeschnitten zu sein. Doch wenden wir uns wieder der Bahnlinie zu.

Allmählich steigt der Schienenweg höher; kurz vor Patelli durch= bohrt er das Gebirge in einem 50 m langen Tunnel, und bei dem Dorfe (Kilometer 152) selbst liegt er schon 40 m über dem Wasser. Die Trace wendet sich vor hier aus landeinwärts und übersteigt vor der Station Sorovitch einen flachen, 595 m hohen Rücken. Bei Soro= vitch (Kilometer 159) befinden wir uns schon in der geräumigen, frucht= baren Mulde des kleinen Sees von Peterska. Als ich, aus der Ebene von Monastyr kommend, auf der Rückreise nach Salonik diese Mulde vom Paß aus zu meinen Füßen sah, schweifte der Blick über die Hohl= form von Peterska und die vor dem See und dem Thale des Kailarsu liegenden Hügelpässe gegen Südost weit hinaus über eine kolossale, bergumkränzte Senke. Links die breite Masse des Agostosgebirges (1600 m), rechts in weiter Ferne, jenseits der großen Ebene von Kailar, der sargförmige Stock des Sničnikgebirges (ca. 2100 m), und zwischen den

beiden langarmigen, die ganze Landschaft zwischen Ost und Süd beherr=
schenden Kolossen eine kegelförmige Kuppe. Von der Höhe aus kürzten
wir den Weg nach Patelli, kamen an Weingärten und wogenden Ge=
treidefeldern vorbei, überschritten jugendlichen Seeboden, nackte, tote
Flächen von Sand und Kies, und wurden nun für dieses Bild der
Öde entschädigt durch den entzückendsten Blumenflor mit Rosenhecken,
Goldregen, Jelängerjelieber, Kornraden und zahllosen andern Bekannten
aus der deutschen Heimat. Leichte Regenschauer hatten diesen bunten
Blumenteppich bethaut. Die Berghäupter verbargen sich in dunkler
Wolkenhülle, und ein heftiger Wind stürzte von den Höhen herab in
die Ebene.

Die Bahn beschreibt südlich vom Peterska=See einen großen Bogen
und erklimmt nun in nördlicher Richtung mit 25 ‰ Steigung den
769 m hohen Paß von Tcherovo (Kilometer 171). Auf dem Anstieg
liegt der fünfte große Viadukt, der letzte auf der Strecke Salonik—
Monastyr, mit vier Öffnungen von 30 m, zwei eisernen Pfeilern von
19 m und einem von 12,5 m Höhe. Kurz nach dem Paß folgt ein
Tunnel von 75 m, als 15. und letzter. Die 15 Tunnels haben eine
Gesamtlänge von 2825 m. Auf dem Paß von Tcherovo sind mit der
letzten Durchbrechung des Gebirges die Hauptschwierigkeiten überwunden.
Die Bahn senkt sich zur Ebene von Monastyr mit anfangs steilem, sich
aber bald verflachendem Gefälle. Bei Kilometer 180 etwa, hinter
Banitza, ist in 646 m Meereshöhe das flache Land erreicht. Das
Niveau sinkt bis Kilometer 210 auf 580 m und erhebt sich dann wieder
bis Monastyr (Kilometer 219) auf 602 m. Die in der Hochebene zu
bewältigende Aufgabe war eine verhältnismäßig leichte, doch bedingten
einige Brücken wegen der auf Sumpfgrund erforderlichen Fundierungen
mühevolle Arbeit. Eine größere Brücke ist die über die Sakulova mit
acht Öffnungen von 12 m.

Um nun endlich dort wieder anzuknüpfen, wo der Faden der Reise
abgebrochen wurde, versetzen wir uns von neuem auf die felsige Halb=
insel im Norden des Sees von Ostrovo. Wir hatten uns satt gesehen an
den Herrlichkeiten der Natur, an dem schnellen Farbenwechsel des ruhigen
Wasserspiegels, seiner felsigen Umrahmung und den blauen Bergen gegen
Süd, hatten den Kirchhof durchstöbert, die eigentümlichen Fischerboote,
sowie die fleißigen Wäscherinnen wohlverdienter Aufmerksamkeit gewürdigt,

und als es nun auch mit der Weisheit des Tchaush, wie mit allem in
der Welt, zu Ende ging, kehrten wir zur Baracke von Ostrovo zurück,
wo Pferde, Wagen und Zuvarys reisefertig unser warteten. Bald ver-
schwand der Landauer mit dem Schwarm der Kavalleristen hinter einer
gegen den See vorspringenden Bergnase, und ich kam mir nun recht
vereinsamt vor, als ich, zunächst dem See folgend, auf meinem Klepper
nach Westen strebte. Die Straße überschritt in südwestlicher Richtung
den 950 m hohen Kalkrücken von Gornitchovo. Beim Anstieg kommt
man an einer schönen Quelle und einer Gendarmeriestation vorüber.
Oben liegt das Dorf Gornitchovo. Hier waren erst vor einigen Tagen
zwei Räuber gefangen worden. Sie gehörten zu einer großen Bande,
die mehrere Dörfer mit Mord und Brand heimgesucht hatte. Nach
fünfstündigem Ritt war Banitza erreicht, ein bulgarisches Dorf auf
flacher Lehne. Der Ort ist ein Durcheinander von alten, ziegelgedeckten
Steinhäusern und langgestreckten, strohgedeckten Viehställen, die ziemlich
viel Raum zwischen sich lassen. Überrascht fand ich mich hier durch
das zahlreiche Vorhandensein des omnivoren Haustieres, das bei allen
Mohammedanern verpönt ist. Während meiner anatolischen Reise hatte
ich oft genug Gelegenheit gehabt, mich von dem Vorurteil der Moslemin
gegen den Schweinebraten zu überzeugen. Während dort in Kleinasien
die Zucht des Schweines nirgends Duldung finden würde, christliche
Dörfer nicht ausgenommen, spielt dieselbe hier in Macedonien eine
überaus wichtige Rolle. Nirgends wird das Schwein vermißt, wo
Christen hausen; selbst im Falle enger Nachbarschaft eines Türkendorfes
oder im Falle gemischter Bevölkerung nicht. Schon im hohen Altertum
bestand dieser merkwürdige Gegensatz zwischen Ost und West. So ausgebreitet ist die Schweinezucht im Gebiete Macedoniens, daß den Tieren
in manchen Gegenden lange Stangen am Hals befestigt werden, um sie
von der Zerstörung der eingezäunten Felder und Gärten abzuhalten.

In Banitza zollte ich dem guten Genius, der ganz Europa vor
der orientalischen, ursprünglich semitischen Schweinescheu bewahrt hat,
Dank. Nach fünfstündigem Ritt war ich mit sehr hungrigem Magen
in dem gastfreien Hause des Ingenieurs Berthon eingekehrt, der seiner
vorzüglichen Küche wegen auf der ganzen Linie so berühmt war, daß
alle, welche zur Zeit des Bahnbaues die Reise nach Monastyr ausführten,
nirgends anders als bei ihm Station machen wollten. Wie wäre nun

der Berthonsche Koch im stande gewesen, ein so vorzügliches Spanferkel
auftischen zu können, wenn das bedauernswürdigste Vorurteil auch dies=
seits des Ägäischen Meeres Verbreitung gefunden hätte?

Berthon war früher, wie viele Ingenieure der ganzen Linie, in
Algier. Neben seiner erfolgreichen Berufsthätigkeit als Bahnbauer
erprobt er nicht nur die Meisterschaft der Küche, spürt vielmehr auch
Mineralschätzen nach. Ca. 4 km südwestlich von Banitza hat er in
halbstündiger Entfernung von der Linie ein Braunkohlenlager entdeckt,
das noch eine gewisse Bedeutung für die Ebene von Monastyr erlangen
könnte. Die Mächtigkeit der Flötze beträgt 2 m im Maximum. Die
vollkommen horizontalen Lager treten in Schluchten und Wasserrinnen
zu Tage. Zur Erlangung eines Urteils über die technische Bedeutung
dieses Lignitvorkommens wären gründlichere Aufschlüsse erforderlich. Nach
den bis jetzt untersuchten Proben ist das Material zu aschereich und
kohlenstoffarm, um einen weitreichenden Absatz erhoffen zu lassen.

Am frühen Morgen des 7. Juni trennte ich mich von meinem
neugewonnenen Freunde, und fand nun auf dem ca. 40 km langen
Wege nach Monastyr verschiedene alte Bekannte aus Kleinasien, die ich
früher beim Bau der asiatischen Bahn kennen gelernt hatte. Die Ebene
ist mit buschigen Dörfern übersät. Reiche Kulturen von Weizen, Gerste,
Roggen und Mais dehnen sich zwischen den Wohnstätten der Menschen.
Wiesenland schließt sich an die Flüsse. Baumschlag von Weiden, lom=
bardischen Pappeln und Obstbäumen belebt die Dorfanlagen, deren
Häuser ein verwahrlostes Aussehen haben, und durch ihren Charakter
der Gebrechlichkeit und Armseligkeit in eigentümlichen Gegensatz treten
zu dem Reichtum der Felder. Die Berge, denen der Wald gehört,
leihen Wasser in Fülle und bieten Schutz gegen scharfe Winde. Am
Rande der Ebene wird ein vorzüglicher Wein gebaut. Ich hatte ihn
schon bei Berthon gekostet und konnte ihn bei einem von Ingenieuren
und Unternehmern in Kanali veranstalteten Frühstück von neuem pro=
bieren. Dieser goldene Traubensaft ist nicht so sehr zum Kopfverdrehen
wie der, den man unter denselben Breiten in tieferen, glühenderen
Regionen keltert. Er ist leicht und angenehm und scheint sich zum
Export in die Fremde vorzüglich zu eignen. Daß das Produkt der
Ebene von Monastyr in so großem Gegensatz steht zu dem Feuerwein
von Salonik hat seinen Grund in den klimatischen Eigentümlichkeiten

der beiden Regionen. Herrscht unten in der Küstengegend ein brennend
heißer Sommer, und wird dort der Winter durch die tiefe Lage sowohl
wie durch die Nachbarschaft des Meeres gemildert, so kommt es oben
im Gebiete des Hochlandes durchaus nicht zu so hohen, drückenden
Hitzegraden, während die Winter außerordentlich rauh sein können,
rauher selbst als bei uns im Norden. Während des Winters 1892/93
stieg die Temperatur in Monastyr geraume Zeit nicht über 25° C. unter
Null; der niedrigste Stand des Thermometers betrug 30° C.

Für die Hälfte des Weges bleiben von Banitza bis Monastyr
Hügelwellen zur Rechten der Straße, dann verwandelt sich nach Über=
schreitung des Sakulova der breite Thalgrund in eine von Süd nach
Nord ziehende, ihrer äußeren Anlage nach an die Rheinthalspalte
zwischen Vogesen und Schwarzwald erinnernden Ebene. Nur daß die
zum Vergleich herangezogene Bildung viel großartiger ist als die pela=
gonische Gasse. Die Breite der letzteren beträgt 18 km, die Länge
von Florina bis Prilip in der Richtung Süd=Nord 63 km. In der
Mitte der Ebene fließt der aus Norden kommende Karasu. Er macht,
nachdem er das pelagonische Becken durchschnitten hat, eine scharfe
Biegung und durchbricht quer das Gebirge, um in ungefähr südöst=
licher Richtung dem Vardar zuzufließen, in den er sich bei Gratsko
ergießt. Die Ufer des pelagonischen Karasu sind auf weite Strecken
hin sumpfig. Inmitten des schon gut ausgenützten Landes könnte hier
die Technik immer noch beträchtliche Areale für den Ackerbau gewinnen.
Zahlreiche Zuflüsse empfängt der Karasu aus den höher ansteigenden
westlichen Bergen, als deren Kulminationspunkt der 2300 m hohe
Peristeri, ein Nachbarberg Monastyrs, zu bezeichnen ist.

Als ich mit meinen Leuten an der dem Peristeristocke entquellenden
Bistritza hinritt, die hier unten in der Ebene in breitem Bette müde
ihres Weges schleicht, war seitab von der Straße direkt am Flusse ein
Lager zu sehen, mit Frauen, Wagen und weidenden Pferden. Ich
lenkte querfeldein und ritt stracks auf das Lager zu. Aber Mehmed
und die Zuvarys erhoben ein ebenso mörderisches Geschrei wie die
Weiber. Erstere riefen mir zu, daß die Frauen keine Christinnen,
sondern Mohammedanerinnen seien; letztere schienen von einer förmlichen
Panik ergriffen zu sein. Ich ließ mich durch die fanatischen und angstvollen
Mahnungen nicht irre machen, gab meinem Pferde eine etwas andere

Richtung und ritt am Lager vorüber zum Flusse, wo ich abstieg und meinen Klepper tränkte. Durch dieses Manöver entschwand schnell alle Entrüstung und alles Mißtrauen. Die Szene hatte ein um so komischeres Ansehen, als Mehmed und die Zuvarys wie festgewurzelt auf der Straße blieben. Sie wagten als gute Islamiten nicht um eines Fußes Breite in der Richtung gegen das Frauenlager vom Wege abzulenken. Ich fand durch meinen Seitenausflug Gelegenheit, eine hübsche photographische Aufnahme zu machen und gewann obendrein Klarheit über die Bedeutung der Weiberversammlung. Die türkischen Damen waren aus irgend einem entfernten Dorfe hierhergekommen, um große Wäsche zu machen. Einige von ihnen standen im Wasser, um das Weißzeug zu säubern, andere breiteten die großen Stücke zur Bleiche aus, und wieder andere waren dabei, die gewaschenen Kleider, Tücher und Decken zum Trocknen auf= zuhängen. Zu letzterem Zwecke taugen die eigentümlich konstruierten macedonischen Wagen in vorzüglichster Weise. Freilich sind die wie die Zinken von Kämmen über den Bretterumfang hervorragenden spitzen Pfähle eigentlich dazu da, Getreide= oder Heubündel aufzuspießen, aber sie werden, wie ich mich hier überzeugen konnte, auch anderweitigen Bedürfnissen nutzbar gemacht. Die macedonischen Erntewagen sind übrigens unendlich viel vollkommener als die altanatolischen Karren. Nicht nur, daß sie vier Räder haben; die Achse ist fest mit dem Gestell verbunden und die Räder sind keine Scheiben, sondern bestehen wie bei uns aus Nabe, Kranz und Speichen. Diese Vervollkommnung scheint erst neuerdings eingetreten zu sein; denn Grisebach (1839) beschreibt die macedonischen Heuwagen als so kunstlose Vehikel, daß er sie mit dem Naturzustand des ursprünglichen Volkes erklärt. Die Räder waren damals niedrig, ihre Felge durch ein einfaches Kreuz von Speichen verbunden. Sie liefen „durch eine ähnliche Vorrichtung, wie bei einem Schubkarren, unterhalb eines langen und verhältnismäßig schmalen Brettes, das den Boden des Wagens bildet". Das aufrechtstehende Gitter an den Rändern der Bretter, zwischen welchen das Heu auf= getürmt wird, war schon vorhanden. Wunder nimmt die Behauptung Grisebachs, die Wagen würden von zwei Büffeln mit der Kraft ihrer Stirne gezogen; denn nach meinen Wahrnehmungen ist auch in Mace= donien das in der asiatischen Türkei verbreitete uralte Joch üblich. Dasselbe besteht aus einem oblongen Rahmen, dessen zwei Langhölzer

durch vier Querſtäbe verbunden ſind, wodurch drei Abteilungen entſtehen:
eine mittlere und zwei ſeitliche. Letztere werden um den Hals der Tiere
gelegt, der Doppelrahmen wird mit der Deichſel verbunden, und das
primitive Geſpann iſt fertig. Trotz der ſehr vervollkommnungsbedürftigen
Beſpannung iſt der macedoniſche Bauer dem kleinaſiatiſchen, wenigſtens
in der pelagoniſchen Ebene, weit voran. Das beweiſt unter anderem
der Pflug. Allerdings iſt die Form dieſes Gerätes auch hier noch ſehr
einfach, aber zur Auflockerung des Bodens dient doch wenigſtens eine
breite, herzförmige, eiſerne Schar. In manchen Teilen des Landes ſoll
freilich immer noch der vorſintflutliche Holzhakenpflug im Gebrauch
ſein. Der pelagoniſche Bauer bringt an dem vorderen Ende des
Pflugbaumes die Egge an, eine einfache Querſtange mit Zähnen,
welche auf dem Nacken der Tiere ruht, ſolange gepflügt wird. Soll
nach Pflügung des Bodens die Egge in Thätigkeit treten, ſo dreht der
Bauer den ganzen Apparat einfach um, und der Pflug ruht jetzt über
dem Joche. Bei Bearbeitung des Bodens ſpielt noch ein Handgerät
eine große Rolle: ein Hackſpaten, der viel in den Gärten gebraucht
wird und auf den Feldern nachhelfen muß.

Monaſtyr, Sitz eines Vali und zweier Biſchöfe, liegt in der ſüd=
lichen Hälfte des Weſtrandes der pelagoniſchen Ebene. Gerade hier
öffnet ſich ein tiefer Einſchnitt in das gegen Weſt abſperrende Gebirge.
Hier führt die Straße über den Paß bei Kazania nach den Becken des
Presba= und Ochrida=Sees; hier liegt der Aus= und Eingang Albaniens.
Daraus reſultiert die ſtrategiſch außerordentlich bedeutungsvolle Lage
Bitolias, wie die Stadt auch genannt wird. Was den letzteren Namen
betrifft, ſo hat man ihn von dem ſlaviſchen obitavati, habitari, wohnen,
abzuleiten geſucht. Doch iſt die Herkunft vom albaneſiſchen Wittolya,
Taube, um ſo wahrſcheinlicher, als der engbenachbarte Berg den griechi=
ſchen Namen Periſteri (Taube) trägt. Geläufiger im ganzen Türken=
lande iſt die Benennung Monaſtyr, was in der türkiſchen Sprache
Chriſtliches Kloſter bedeutet, nach dem einige Kilometer ſüdlich, hart
am Bergabhange gelegenen und weit ausſchauenden, von Buchenwald
umgebenen Kloſter von Bukova. Toli Monaſtyr (dies eine Zuſammen=
ziehung beider Benennungen Bitolia=Monaſtyr) gehört zu den reinlichſten
Städten der ganzen Türkei. Auch durch anmutige Lage zeichnet ſich
die macedoniſche Centrale aus. Der Dragorfluß fließt mitten durch

die Stadt; breite Quais ziehen längs seiner Ufer. Hier liegen die
stattlichen Regierungsgebäude und viele Kaffeehäuser, in welchen es in
mehreren Fällen nicht an Zeitungen und Billards fehlt. Die Be=
völkerung besteht aus osmanischen Türken, mohammedanischen Bulgaren
und Albanesen, christlichen Bulgaren, Griechen, katholischen Albanesen,
Zinzaren (Balachen), Juden und Zigeunern. Was die Zinzaren be=
trifft, so sind sie meist Handwerker und Kaufleute.[1] Nach verschiedenen
Mitteilungen, welche mir an Ort und Stelle gemacht wurden, dürfte
die Einwohnerschaft rundum 60000 betragen, wovon jedoch 15000
auf die Garnison entfallen, so daß die eigentliche Bevölkerungsziffer
ca. 45000 betrüge. Unter diesen 45000 sind nach Weigand mindestens
13000 Balachen. Es ist bekanntlich sehr schwer, in der Türkei solche
Daten zu ermitteln. Zählungen gibt es nicht, und kann es sich immer
nur um ganz rohe Schätzungen handeln.

In Monastyr haben Rußland, England, Österreich, Serbien und
Griechenland Konsulate. Bisher waren dieselben dazu berufen, über
die politischen Interessen der von ihnen vertretenen Länder zu wachen.
Hoffentlich fällt ihnen in nicht so ferner Zeit hauptsächlich die Aufgabe
zu, mit Hilfe der neugeschaffenen Dampf=Verbindungen[2] vor allem den
Handel und damit die Produktion zu fördern.

---

[1] „Besonders bekannt sind die Balachen als geschickte Silberarbeiter. Als
Kaufleute sind sie weit verbreitet und besitzen an den Küstenplätzen des Mittel=
ländischen Meeres zum Teil sehr bedeutende Geschäfte. Die meisten Besitzer von
Khans (Wirtshäusern) sind Balachen; ebenso finden sie sich als Hirten in der ganzen
Türkei. Sie aber deshalb als ein Volk von Hirten darstellen zu wollen, wie man
dies oft gethan hat, ist ein großer Irrtum." Weigand, Die Sprache der Olympo=
Balachen. Leipzig 1888. S. 7.

[2] Soeben, bei Abschluß der vorliegenden Studie, trifft (20. Juni 1894) die
folgende Zeitungsnachricht ein: „Aus Salonik wird uns geschrieben: Salonik und
Monastyr, diese beiden wichtigsten Handelsplätze Macedoniens, sind nun endlich
durch einen Schienenweg miteinander verbunden, dessen feierliche Eröffnung heute
morgen in Anwesenheit der kaiserlichen Kommissare stattfand. Die Bahn umfaßt
im ganzen 220 km, deren Fertigstellung etwa drei Jahre erforderte, und die ein
ungemein reiches Land durchzieht. Die Bevölkerung ist eine sehr fleißige; Ackerbau,
Viehzucht und Weinkultur stehen in hoher Blüte, und werden es vornehmlich die
hieraus erzeugten Produkte sein, welche zur Ausfuhr über Salonik nach England, Frank=
reich und Deutschland in Betracht kommen. Die kommerzielle Bedeutung Monastyrs
ist in den letzten Jahren rasch gestiegen; die Banque de Salonique hat vor kurzem
eine Filiale in Monastyr eröffnet, deren Hauptaufgabe es sein wird, den öster=
reichischen und deutschen Exporthandel nach diesem Lande zu pflegen und zu heben.

Innerhalb der letzten 50 Jahre hat Monastyr einen ganz bedeutenden Aufschwung genommen. Boué schildert die Stadt noch als winkelig, schmutzig und verfallen; aber schon Hahn (1858) fand die Straßen reinlich, und gewann dieser Reisende überhaupt einen sehr ansprechenden Eindruck. Bis in die sechziger Jahre war der Fanatismus der Mohammedaner noch so groß, daß keine Christenfrau, Fremde nicht ausgenommen, die Straßen unverschleiert betreten durfte. Selbst die Frau des österreichischen Konsuls, welcher als erster Vertreter fremder Mächte an diesem Orte weilte, mußte sich dieser strengen Sitte unterwerfen. Jetzt ist das ganz anders geworden. Die fremden Damen promenieren ungeniert in großer Toilette auf den Quais oder wo es ihnen sonst gefällt.

Der strategischen Bedeutung verdankt Monastyr die eifrige Fürsorge der Regierung, dem Boden der pelagonischen Ebene aber seinen Reichtum. Als Grisebach im Jahre 1839 hierherkam, besichtigte er die von dem damaligen Vali Athmed Pascha in hundert Tagen erbaute Kaserne. Er fand ein ebenso imposantes wie zweckmäßiges Gebäude. Dasselbe gilt heute in erhöhtem Maße von allen militärischen Anlagen Monastyrs. Keinem Reisenden, von welcher Seite er auch kommt, können sie entgehen, und nach sachverständigem Urteil sind die Maßnahmen für den Schutz des Landes weit genug entwickelt, um jeden Aufstand mit Erfolg bekämpfen zu können. So wie Grisebach fand auch Barth (1862) die Kasernen großartig angelegt. Er konstatiert, daß Ordnung und Pünktlichkeit herrschten. In Bitolia befindet sich eine der vier im Jahre 1847 gegründeten Militärschulen des ottomanischen Reiches, welche der Hochschule in Konstantinopel Zöglinge liefern. Die Stadt hat auch verschiedene Gymnasien: ein griechisches, ein dalmatinisches und ein bulgarisches. Die Häuser sind weiß oder bunt übertüncht. Kleine Lustschlösser verraten den Reichtum ihrer Besitzer. Nirgends fehlt es an Baumschlag und Wasser. Zahlreiche Moscheen überragen die weite Stadt. Auf den Plätzen beim Bazar lagern Büffel, und wenn diese abgezogen, kommen Scharen von Nebelkrähen, die hier oben legionenweise zu Hause sind.

Im Bazar selbst suchte ich vergebens nach interessanten Erzeugnissen einer heimischen Industrie. Leider werden die schönen bulgarischen Stickereien nicht auf den Markt gebracht. Die Leute sticken und weben gewöhnlich nur für ihren eigenen Bedarf, und was sie darüber fertig bringen, das geht gleich in die Hände der Exportkaufleute. Was in Monastyr feilgeboten wird, das sind österreichische und englische Waren, hauptsächlich Stoffe. Interessant ist der Fischmarkt; da sind kolossale Lachsforellen und Karpfen, armdicke Aale und andere Herrlichkeiten aus den Seen von Presba und Ochrida zu sehen. Wie in allen türkischen Städten fallen unter den Handwerkern die Schuster und die Schmiede besonders auf. Letztere verfertigen die sehr massiven Pferde=fesseln, die mit einem auch in Anatolien verbreiteten Federverschluß versehen sind, derart, daß sich die gegen ein Widerlager gestemmten, den Schluß bewirkenden Federn mit Hilfe des eingeführten Schlüssels zusammendrücken lassen, worauf die Teile auseinandergezogen werden können. Das Schmiedehandwerk ruht größtenteils in den Händen der Zigeuner. Auffällig erschien mir hier an den Hufeisen, daß die centrale Öffnung der runden Scheibe sehr klein war, weit kleiner als in Anatolien.

Gegen die Ebene zu muß die Stadt in neuester Zeit eine nicht unbeträchtliche Erweiterung erfahren haben. Wenigstens macht ein Teil des in dieser Richtung angegliederten, äußerst originellen Bulgaren=viertels ganz den Eindruck jugendlicher Entstehung.

Der im Rücken von Monastyr gelegene Peristeri ist von Grisebach, Barth, Viquesnel und andern Reisenden bestiegen worden. Nach der österreichischen Generalstabskarte hat der Berg 2359 m Gipfelhöhe. Von der Spitze aus sind mehrere Gipfel des Pindus, das große Becken von Presba, fast die ganze pelagonische Ebene, die großen, weithinziehenden Massen des Scardus (Schar), im Nordwesten die vom Karasu durchbrochenen Gebirge diesseits des Vardar, der riesige Kai=maktchalan und die Senke von Ostrovo jenseits verhältnismäßig niedriger Bergzüge zu sehen.[1]

---

[1] Auf der österreichischen Generalstabskarte finden wir den Peristeri unter S. 60° W. von Monastyr eingetragen. Meine Messung ergab von der Stadt aus S. 88° W. Grisebach bestimmte das magnetische Azimut des höchsten Minarés von Bitolia vom Gipfel aus zu N. 89° E. Nach der Säkularabnahme der Deklination im Betrage von 5′ sollte die Grisebachsche Beobachtung 4,5° mehr zeigen als die meine (S. 92,5° W.). Die beiden Messungen differieren also, falls die obige Annahme der säkularen Änderung von 5′ richtig ist, um nur ca. 3°. Die Deklination be=trägt auf macedonischem Gebiet zur Zeit ungefähr 6,5° (nach der Neumayerschen Karte). Der Berg läge bei Zugrundelegung dieses Betrages S. 81,5° W. gegen den astronomischen Meridian und wäre in der Generalstabskarte immer noch ein gutes Stück gegen Norden zu rücken.

Wie ſchon erwähnt, iſt der Name des Berges griechiſch. Die Benennung mag davon kommen, daß die zu beiden Seiten der ſchnabel-
förmig hervortretenden Spitze, über den dunkeln Felſen ſchwebenden
Schneefelder mit einer Taube verglichen worden ſind. Jedenfalls iſt
die Vermutung Barths, der Name Periſteri möge von der auf den
Abhängen weitverbreiteten Pteris aquilina herrühren, von der Hand
zu weiſen. Unterhalb des Gipfels liegt ein kleiner Alpenſee. Griſebach
unterſcheidet am Periſteri eine mitteleuropäiſche und eine alpine Flora,
die ſich in einer Höhe von ca. 1500 m berühren. Der Abhang gegen
das Dragorthal iſt faſt ganz unbewaldet, wie überhaupt der ganze
Berg arm iſt an Wald.

Es erübrigt, dem Vorgebrachten einige Worte über die geologiſche
Natur der die pelagoniſche Ebene umſchließenden Berge anzuſchließen.
Sehr verbreitet ſind im innern Macedonien, ſowie im Rhodopegebirge
und in Thracien die kriſtalliniſchen Schiefer. Die archäiſchen Gebiete
beanſpruchen hier einen ſo breiten Raum, und ſie werden zwiſchen
Üsküb und Adrianopel von ſo bedeutenden vulkaniſchen Maſſen durch-
brochen und überwuchert, daß zuerſt Griſebach und ſpäter Hochſtetter
einen Vergleich mit dem Centralplateau von Frankreich durchzuführen
verſucht haben. Unter den kriſtalliniſchen Schiefern beanſprucht ganz
beſonders der Glimmerſchiefer ziemlich weitausgedehnte Gebiete. Vom
Kara-Dagh- und Schargebirge ziehen dieſe alten Geſteine über die
Höhen bei Prilip und die Randzüge der Ebene von Monaſtyr hinab
zum Olymp- und zu den theſſaliſchen Küſtengebirgen. Im Neretſchka-
zuge, demſelben, aus dem ſich der Periſteri erhebt, ſpielen Glimmerſchiefer eine große Rolle. Der Periſteri ſelbſt beſteht in ſeinen höheren
Teilen aus Granit, deſſen Eruptionen auf macedoniſchem Gebiete in
ſehr großartigem Maße ſtattgefunden haben. Syenit erſcheint am öſt-
lichen Abhange der Naratſchka-Planina, bei Florina, und im Oſten und
Nordoſten des Sees vor Kaſtoria liegt ein wildes, von Felſen bedecktes
Gebirge aus Protogin. So ſcheint ein Zug granitiſcher Eruptiergebilde
die centralmacedoniſchen Gebirge zu begleiten. Wie die Zuſammen-
ſetzung des Ljubatrn ſowohl als auch des Kaimaktchalan aus wahr-
ſcheinlich meſozoiſchen Kalken beweiſt, zieht innerhalb des macedoniſchen
Centralmaſſivs — und von einem ſolchen darf hier wohl die Rede
ſein, obwohl die kriſtalliniſchen Schiefer keineswegs auf die der Neretſchka

entsprechenden Züge beschränkt sind, sondern unter anderm auch bei
Salonik, in Üsküb u. s. w. auftreten — eine Kalkzone. Auch das, was
außerhalb Centralmacedoniens liegt, ist eine breite Zone von Kalk, die
in diesem Falle mit großer Sicherheit zum wenigstens größten Teile
der Kreideformation zugesprochen werden darf.[1]

---

[1] Auf der geologischen Übersichtskarte der Balkanhalbinsel von Toula (Peterm.
Mitteil. 1882) kommen diese Verhältnisse nicht zum Ausdruck. Spätere Detail=
forschungen dürften einen großen Teil des archäischen Territoriums in Streifen
auflösen, welche mit jüngeren Gebilden wechsellagern. Zwischen Bodena und der
pelagonischen Ebene steht jedenfalls mehr jüngerer Kalk an, als es die Toula'sche
Karte ahnen läßt; so zwischen Tekhovo und dem Paß, nördlich davon und auf der
Höhe von Gornitchovo. Auch der Marmor des Kaimaktchalan (Nidje) wird als
mesozoisch aufzufassen sein. Bezüglich der Kreideformation sagt A. Boué: „Kreide=
kalke setzen die Ketten in der Nähe von Siatista zusammen, reichen bis gegen Koziani
und bilden den Berg von Grevena, den Burinos (Buronon), die Höhen zwischen
Tchardjilar und Ostrovo, die Berge des Bades von Tekhovo, sowie diejenigen im
Westen und Norden von Niausta. Wir haben Rudisten und Korallen zum mindesten
zwischen Tchardjilar und Ostrovo, und zwar ganz besonders bei Köseler gefunden.
Die Kalke zwischen Koziani und Kastoria sind uns ganz frei von Fossilien erschienen,
und dürften dieselben in Übereinstimmung stehen mit jenen, an der Oberfläche über
und über mit trichterförmigen Löchern bedeckten Kalken, welche wir von Valjero in
Serbien erwähnt haben. Die Kalke von Siatista sind sehr kristallinisch und minera=
logisch in Übereinstimmung mit den dem Gneiß untergeordneten Kalken (im Olymp).
Dolomite treten in diesen Ablagerungen in den Karaferia=Bergen im Süden des
Sees von Ostrovo auf, sowie zwischen Köseler und Ostrovo und wahrscheinlich hie
und da in der Kette nördlich von Potava und Tekhovo. In der Kette des Burinos
im Westen von Veria gibt es einen roten Marmor, welcher an die Scaglia oder
an die Marmorarten von Dotis in Ungarn erinnert. Zwischen Ostrovo und Tekhovo
bemerkt man Wechsellagerungen von dichten und körnigen, graubläulichen Kalken
mit schwärzlichen oder bläulichen, kalkhaltigen Thonen, welche an gewisse Nummuliten=
mergel erinnern, und in der waldigen Schlucht im Westen des Sees von Tekhovo
gibt es Schiefer und Kalke, sowie auch kalkhaltige Puddingsteine, die gleichfalls zur
Kreide gehören". A. Boué, Die europäische Türkei. Wien 1889. Bd. I, S. 178.
Was den zwischen Moglena und Vardar gelegenen Distrikt betrifft, so sagt
Weigand: den eigentlichen Stock des Gebirges bildeten kahle, in größerer Höhe auch
mit Wald bedeckte, schroff abfallende Kalkberge, an welche sich sanft geneigte Thon=
schieferablagerungen anschließen.
Für die Beurteilung der bisher erschienenen geologischen Übersichten vergl.
Fr. Toula, Die im Bereiche der Balkanhalbinsel geologisch untersuchten Routen, mit
Karte. Mitteil. d. k. k. Geograph. Gesellschaft in Wien 1883. — Ferner von dem=
selben Verfasser: Der Stand der geolog. Kenntnisse der Balkanländer. Vortrag,
gehalten am IX. deutschen Geographentage Berlin 1891.
Vielleicht ist die Fortsetzung des vom Schar über den Peristeri und den Olymp
herabzielenden Bogens auf Mytilene zu suchen; vielleicht gehört der im Rücken von

Die Ebene von Monastyr ist alter Seegrund. Lehmiger Boden bedingt im Verein mit dem Wasserreichtum eine außerordentliche Frucht= barkeit. Daß in der Umrandung des Beckens auch jungtertiäre Bild= ungen nicht fehlen, das wurde schon oben dargelegt, als es sich um das Lignitvorkommen bei Baniza handelte.

Kiutahia aufsteigende, aus kristallinischen Schiefern zusammengesetzte Adjem=Dagh zu derselben, wenn auch angescharten Gebirgszone. Zwischen Adjem und Mytilene liegt eine Knickung der Leitlinien, wie ich in einer demnächst erscheinenden Ab= handlung über die Geologie Kleinasiens des weiteren darlegen werde. Solche Knickungen oder Scharungen erklären den ganzen Bau des westlichen Kleinasiens. S. des Verfassers Reisewerk: Vom Goldenen Horn zu den Quellen des Euphrat. München 1893. S. 373, Leitlinien des Baues. — Noch möchte ich darauf hin= weisen, daß innerhalb des oben besprochenen macedonischen Centralmassivs groß= artige Eruptionsherde gelegen sind, während die sedimentären Ablagerungen der Außenseite der Eruptionserscheinungen fast vollständig entbehren.

Von großem Interesse sind hier übrigens die im 40. Bande der Denkschriften der Wiener Akademie enthaltenen Ausführungen Neumayers über die Tektonik des südlichen Teiles der Balkanhalbinsel. Sie beruhen auf seinen und der öster= reichischen Geologen Bittner, Teller und Burgerstein in Griechenland und Thessalien während der Jahre 1874—76 betriebenen Aufnahmen.

Neumayer hebt hervor, daß der Bau im Westen einfach sei. Hier verlaufen die Falten ganz den binarischen Alpen entsprechend; im Osten dagegen ist alles zerstückelt und die Streichungsrichtungen liegen quer zu den großen Faltenzonen des Westens. Dem entsprechend werden zwei verschiedene Perioden der Gebirgsbildung unterschieden. Die öst=westlich und südwest=nordöstlich gerichteten Falten unseres Gebietes, so heißt es, gehören als äußerstes Westende einem Gebirge an, dessen Aufrichtung derjenigen der alpinen Westkette der Balkanhalbinsel, dem Pindus= System, vorausgeht, welches von Vertiefungen geschnitten wird, welche tektonisch diesem letzteren angehören.

„Ein großer Bruch zieht vom Golf von Salonik bis in die Höhe der klein= asiatischen Küste, zuerst in südsüdöstlicher, dann in südöstlicher Richtung, den ganzen Archipel schief durchsetzend.

Nach Viquesnel scheint die aus kristallinischen Schiefern und dichten Kalken bestehende Kette, welche sich vom Nidje=Berge (Kaimaktchalan) am See von Ostrovo bis in die Gegend von Üskûb erstreckt, eine Fortsetzung des Olymp zu sein (Mém. de la Soc. géol. de France. Sér. II, Vol. I., p. 260), und es ist daher wahrschein= lich, daß dieselbe tektonische Linie sich auch noch weiter gegen Norden verfolgen lasse, wenn auch noch kein bestimmter Anhaltspunkt vorhanden ist, daß dies gerade in Form eines Bruches der Fall sei. Ja, der Umstand, daß im Olymp die Streichungs= richtung der Schichten sich derjenigen des Kammes nähert, macht es wahrscheinlich, daß beide in der nördlichen Fortsetzung der Kette zusammenfallen, diese daher eine normale wird."

Es hieße die Geduld des geehrten Lesers auf eine zu harte Probe
stellen, wenn ich ihn jetzt, nach Beendigung der Monastyrreise, auf demselben Wege so langsam zurückführen wollte, wie wir gekommen sind.
Nur zu gern hätte ich den, jedem nach Bitolia kommenden Touristen
auf das wärmste zu empfehlenden Übergang nach Gradsko an der
Üsküb-Linie ausgeführt, und noch lieber wäre ich über die verlockenden
Seen Presba und Okhrida gezogen, um Albanien zu durchkreuzen und
zum Adriatischen Meere niederzusteigen. Allein alle diese Unternehmungen hätten mir viel zu viel Zeit gekostet. Meine Hauptaufgaben
lagen während des Vorjahres auf kleinasiatischem Gebiete, und ich
durfte dieselben keinenfalls allzulange hinausschieben. So ritt ich durch
die Ebene zurück, wie ich gekommen, sah noch einmal alte Freunde,
ließ den mir bekannten Gornitchovoweg links liegen und zog längs der
Bahn über den Peterska-See nach Patelli. In Ostrovo fand sich am
Sonntag zum Frühstück eine ebenso große wie animierte Gesellschaft
von Ingenieuren zusammen, und ich gelangte, zwar unter strömendem
Regen, aber doch inmitten einer lustigen, rasch durch das Land fliegenden
Kavalkade nach Vodena. Hier verbrachte ich noch einen Tag, um den
Zauber der herrlichen Natur von neuem auf mich wirken zu lassen,
und war dann bald wieder in Salonik.

Drei große Kulturbecken sind es, welche von der neuen central-
macedonischen Eisenbahn durchschnitten oder berührt werden: die Ebene
von Salonik, die Mulde von Ostrovo-Kailar und das Pelagonische
Becken. Das ans Meer grenzende Tiefland trägt südeuropäische Vegetation, die beiden letztgenannten Bezirke jedoch sind von einer mittel-
europäischen Pflanzendecke überkleidet. Die immergrüne Vegetation reicht
wenig höher als der Sumpf von Nicia, welchem, wie wir gesehen haben,
die Wasser von Vodena entquellen. In dem so abweichenden Charakter
der Pflanzendecke geben sich die Einflüsse der Lage und des Klimas
kund. Wesentlich verschieden sind die Bedingungen, unter welchen
menschliche Arbeit unten in der Nachbarschaft des Meeres und oben in
den Senken des Hochlandes die Reichtümer des Bodens gewinnt. Wenn
schon jetzt das Tieflandbecken von Salonik als außerordentlich fruchtbar

und ergiebig gelten darf, so könnte aus diesem gesegneten Stück Erde
doch etwas ganz anderes werden, wenn die Hilfsquellen und Hilfsmittel
richtig ausgenützt und angewandt würden und wenn es zu diesem
Zwecke nicht zu sehr an Händen fehlte. Nicht nur Ackerbau und Vieh=
zucht finden hier ein vielversprechendes Terrain, auch die Industrie
erfreut sich der besten Aussichten. Schon seit einer Reihe von Jahren
sind industrielle Unternehmungen emporgewachsen, und es hat den An=
schein, als ob gerade die Nachbarschaft von Salonik mehr als irgend
ein anderer Teil des weiten türkischen Reiches dazu berufen sei, eine
rege gewerbliche Thätigkeit großzuziehen. Hierauf weisen nicht nur die
Dampfmühlen Saloniks hin, welche mit so großem Erfolg arbeiten,
daß der Import von Mehl beinahe ganz aufgehört hat, auch die mit
Wasserkraft betriebenen Garnspinnereien in Niausta und die mit Dampf=
kraft arbeitenden in Salonik berechtigen zu den besten Hoffnungen.
Salonik hat auch eine Seifenfabrik, Spiritusbrennereien und seit kurzem
sogar eine Bierbrauerei. Was könnte erst geleistet werden, wenn die
Kaskaden von Bodena technisch nutzbar gemacht würden! Ist doch für
den Seidenbau gerade der Winkel von Bodena vortrefflich geeignet,
und fordern doch die Fälle zum Betriebe von Spinnereien geradezu
heraus. „Die drei Städte Veria, Niausta und Bodena,“ sagt James
Baker, „besitzen jede genug Wasserkraft, um sämtliche Fabriken Man=
chesters in Bewegung zu setzen.“

Ein paradiesischer Streifen Landes lehnt sich im Süden und Westen
an die Berge, mit den blühenden Städten Karaferia und Niausta als
Mittelpunkte. Hier wächst der berühmte Saft von Niausta: Der
Wein ist zu feurig und schwer, um dem Bedarf Frankreichs entgegen=
kommen zu können. Infolgedessen wird er nur nach der Türkei selbst
ausgeführt. Leider ist die Olivenbaumzucht in dem warmen, sonnigen
Berggelände, welches die Ebene umgrenzt, vernachlässigt, obwohl die
rasch emporgeblühte Seifenindustrie von Salonik eine sorgfältige Pflege
gerade dieses Kulturzweiges verlangt. Die Einfuhr des für die Fabri=
kation erforderlichen Öles erfolgt hauptsächlich von Griechenland her;
ein beträchtlicher Import findet auch aus Italien statt. Orangen= und
Zitronenbäume gedeihen zwar bei sorgfältiger Behandlung, doch unter=
liegt die Erzeugung dieser Früchte der zu kalten Winter wegen immerhin
zu großen Schwierigkeiten, um ihren Anbau empfehlenswert erscheinen

zu lassen. Dagegen gedeihen Feigen= und Mandelbäume. Für die
Obstkultur ist, den Nußbaum ausgenommen, das Oberland geeigneter
als die Tiefebene. Melonen werden allenthalben gebaut. Unter den
Gemüsen stehen die Bohnen obenan. Ein sehr wichtiges Produkt der
Ebene ist ferner der spanische Pfeffer, welcher hauptsächlich in der
Landschaft Moglena, dem fruchtbarsten Gebiete ganz Macedoniens, einer
nördlich von Vodena gelegenen enghalsigen Bucht des Tieflandes, vor=
kommt. Über dieses in sehr vielfacher Beziehung interessante und doch
noch so wenig durchforschte Territorium bemerkt Weigand[1]): Die Ebene
wird eingeschlossen von steil abfallenden, hohen Gebirgszügen, von denen
eine Menge Bäche und Bächlein herunterkommen, die die Ebene über=
reich bewässern und vereinigt unter dem Namen Maglenitza in südlicher
Richtung abfließen. Die geschützte Lage, der gute Boden und Wasser
in Hülle und Fülle bewirken eine so üppige Vegetation und eine so
große Fruchtbarkeit, daß man selbst dreimal im Jahre ernten kann.
Nur selten fällt Schnee. Die Bewohner sind zum größten Teil Pomaken,
d. h. mohammedanische Bulgaren, die auch als fleißige Ackerbauer be=
kannt sind. In dem nordöstlichen Winkel des Beckens liegt mehrere
hundert Fuß über dem Boden der eigentlichen Moglena die etwa zwei
Stunden lange Ebene Vlacho=Meglen, wie sie zum Unterschied von der
Hauptebene Bulgaro=Meglen genannt wird. Hier wohnen mohammeda=
nische Valachen. Sie treiben Ackerbau und Töpferei. Der Hauptort
ist Nonte. In Vlacho=Meglen wird auch Seidenzucht getrieben, und
der Paprika dieser Gegend erfreut sich in ganz Macedonien einer großen
Beliebtheit.

Außer der wie ein großer Garten im Schoße der Berge ruhenden
Moglenalandschaft münden noch das Vardarthal und im Süden bei
Karaferia das Thal der Bistritza in die Ebene ein. Für die central=
macedonische Bahn kommt jedoch nur noch der letztgenannte Erdstrich in
Betracht. Durch die Bistritza ist besonders den Produkten des Distriktes

---

[1]) Gustav Weigand, Vlacho=Meglen. Eine ethnographisch=philologische Unter=
suchung. Leipzig 1892. S. XIII. Die in dieser interessanten Schrift enthaltene
Kartenskizze (S. XXVI) gibt einige, wenn auch bescheidene, so doch wesentliche Er=
gänzungen des Bildes der Gegend zwischen Vardar und Moglena. Sie zeigt so
recht, wie äußerst unvollkommen die topographische Detailkenntnis der macedonischen
Gebirge immer noch ist.

von Selfidje (Servia) ein Ausweg in die Ebene und ein Anschluß an
den neuen Schienenweg gebahnt.

Das in seinem westlichen Teile und in seinen Randgebieten so
reiche Tiefland schließt auch umfangreiche Strecken ein, welche nutzlos
daliegen. Zunächst ist es das der Öffnung des Vardarthales vor=
gelegene Territorium, welches öde und steril erscheint. In dem steppen=
artigen Lande herrschen niedere Tamarix=Gesträuche, hochwüchsige Disteln
und Gräser, welche des dichten Wurzelgeflechtes ermangeln, das für
die Wiesenbildung Bedingung ist. Wenn hier an Stelle der Weide die
Steppe tritt, so meint Grisebach, daß dies seinen Grund in den aus
dem Vardarthale hervorbrechenden warmen Nordwinden haben dürfte,
welche den Bewohnern von Salonik ihre heißesten Sommertage zu=
führen und das Wachstum der Wiesen nicht dulden; doch wird wohl
der Grund der Sterilität in den Bodenverhältnissen zu suchen sein.
Nahe liegt die Annahme, daß der Vardar gerade hier, wo er das Thal
verläßt, eine weitausgedehnte Schuttdecke gebildet habe, welche einer
tiefgründigen, kulturfähigen Krume entbehrt und den Niederschlägen ein
allzu rasches Durchsickern gestattet. Die fruchtbaren Lehnen zu Füßen
des Paik zeigen wohl nur deshalb ein so frisches Gewand, weil die
physikalischen Verhältnisse ihres Untergrundes günstigere Vegetations=
bedingungen bieten, als es vor dem Ausgange des Thales der Fall
sein kann.

Ein See, der Yenidjegiöl, nimmt westlich vom Vardar den tiefsten
Teil der Ebene ein. Seine Umgebungen sind sumpfig, und beträchtliche
Teile des Tieflandes kommen durch die Frühjahrsüberschwemmungen
auch längs des Ausflusses unter Wasser. Hier wäre durch Dämme und
Kanäle nicht allein neues Kulturland zu gewinnen; eine Regulierung
der Flußläufe würde auch dazu angethan sein, die Gefahr des Fiebers
zu vermindern.[1]

So wie die Sümpfe des Yenidjegiöl, harren die Marschen des
Vardardeltas der Arbeit des Kulturtechnikers. Bedeutende Veränder=
ungen sind übrigens mit dem Mündungsgebiete in historischer Zeit vor
sich gegangen. Der Lydias mündete zur Zeit Herodots nicht, wie

---

[1] Unlängst haben englische Ingenieure im Auftrage Hamdy Beys von Salonik
die Frage der Entwässerung des Sees von Yenidje=Vardar studiert. v. d. Goltz,
a. a. O. S. 25.

heutzutage, in den Vardar, sondern in den Haliakmon (bulgarisch
Bistritza, türkisch Indje-Karasu).

Wenden wir uns nun der Mulde von Ostrovo-Kailar zu, so bietet
dieselbe der Kultur im nördlichen Teile, der fast ganz vom See eingenommen wird, nur wenig Raum. Doch schließt sich an den See
gegen Süd die reichbevölkerte Kailar-Ovassi, eine Ebene in dem von
Djuma und Koziani herabziehenden Thale. Hier liegen ausgedehnte
Kulturen von Weizen und Gerste. Dann gehört zu der Mulde das
sich noch enger an die Bahn schließende Weinland von Patelli, Peterska,
Sorovitch und Ektchisu. Die 1892er Ernte dieses sonnigen Hochthales
lieferte 2 600 000 kg Trauben. Der Preis pro Pferdelast von 128 kg
betrug zwischen 3,6 und 4,3 Mark. Über die Erhebung des Zehnten
und die Weinbereitung in dieser Gegend liefert Martin Astima folgende
Mitteilungen:

An einem durch den Steueragenten festgesetzten Tage beginnen die
Verkäufe; alles ist in festlicher Stimmung. Die erst seit kurzem wieder
eröffneten Schulen sind geschlossen; denn groß und klein muß Hand
ans Werk legen. Die Frauen und Kinder zerstreuen sich, jedes mit
einem Messer bewaffnet und mit einem Korbe versehen, in die Weingärten, um die Trauben zu schneiden, während die Männer die Trag-
tiere oder die Erntewagen mit den gefüllten Kufen beladen. Wagen
und Tiere folgen alle demselben Pfade, da jeder andere Ausgang durch
die Verordnung der Behörde gesperrt ist. Bei einer Ulme halten sie.
Im Schatten des Baumes hat sich auf einem Teppich der Zehnten-
einsammler mit seinem Gehilfen gelagert. Zwei Gendarmen vertreten
den Arm des Gesetzes; ein Kafedji hat alle Hände voll zu thun.
Martin Astima meint, die Bauern würden bei der Bestimmung des
Gewichtes nur zu oft übervorteilt, so daß sie erheblich mehr als den
Zehnten zu entrichten hätten. Die Abgabe erfolgt in Geld. Sobald
die Formalitäten des Zehnten geregelt sind, schaffen die Bauern ihre
Trauben nach Hause, um ohne Verzug an das Austreten des Weines
zu gehen, was in einem Bottich mit Hilfe der Füße geschieht. Hierauf
werden Trester und Most zur Gärung in Fässer gefüllt. Um einen
herben Wein zu erhalten, gießt man von Zeit zu Zeit etwas Wasser
zu. Man erhält auf diese Weise einen gehaltvollen Wein von schöner
Farbe. Der einzige Vorwurf, den man ihm machen könnte, ist eine

gewisse Schärfe, welche vom zu langen Verbleiben der Trester im Weine herrührt. Die Entfernung der Trester findet thatsächlich erst 30 oder 40 Tage nach dem Austreten statt, in der Absicht, den Trestern, welche für Branntwein (Raki) bestimmt sind, mehr Kraft zu geben. Die Raki= bereitung liefert guten Profit. Eine Ladung von 128 kg Trauben gibt ungefähr 45 kg Wein und 4—5 kg Raki. Der erstere wurde in dem durch eine besonders gute Ernte ausgezeichneten Jahre 1892 zu dem billigen Preise von 20—23 Pfennige, der letztere für 72—90 Pfennige pro Liter verkauft.

Die Ausfuhr findet nur nach Monastyr statt. Nur wenige Fässer gehen nach Salonik. Nach Beendigung des neuen Schienenweges hofft man große Quantitäten in letzterer Stadt verkaufen zu können. Ein erheblicher Teil des produzierten Weines wird von den Einwohnern selbst konsumiert. Der Bulgare trinkt viel, obwohl der nicht gerade leichte Wein unverdünnt genommen wird. Auch der Genuß des Raki erfolgt ohne Wasserzusatz.

Wie aus der volkswirtschaftlichen Studie Rohnstocks[1] hervorgeht, werden die Weine in der Regel gekocht, wo Wachholderbeersträucher vorhanden sind, gleichzeitig mit Wachholderbeeren oder auch nur mit Gesträuch derselben. Diese Bemerkungen sind offenbar nur auf die feurigen Weine des Tieflandes zu beziehen. Aus den Trestern wird nicht nur Raki, sondern auch Essig bereitet. Auch braucht man die Trester zum Mästen von Truthühnern.

Martin Astima verdanke ich ferner wertvolle Aufschlüsse über die Produktionsverhältnisse der Ebene von Monastyr. Der Tagelohn be= trägt 1 Mk. für Männer und 52 Pf. für Frauen.[2] Das Getreide wird mit Sichel oder Sense geschnitten und durch darüber getriebene Maul= tiere oder Pferde ausgetreten. Der Preis betrug 1891 9,6—14,2 Frs. für 76 Oka Roggen oder Mais (rund 78 Oka = 100 kg). Die Gerste= Ernte[3] betrug 1891 nur die Hälfte von der des Vorjahres. Mais wird durch die ganze Ebene kultiviert. Seine Ernte fiel in den

---

[1] Rohnstock, F., Volkswirtschaftliche Studien über die Türkei. I. Salonik und sein Hinterland. Konstantinopel, Verlag von O. Keil. 1886.

[2] Hierzu kommt der Nahrungsunterhalt im Betrage von 28 Pf. pro Kopf.

[3] Die Gerste ist in der ganzen Türkei hauptsächlich deshalb von Bedeutung, weil sie fast allenthalben als Pferdefutter gebraucht wird.

September, während die Gerste Anfang Juni und der Roggen im Juli geschnitten wurde. Zu den Produkten der Ebene gehören noch Anis, hauptsächlich in der Gegend von Prilip gebaut, 0,5 Frs. pro Oka (1,283 kg); weißer Mohn (25 Frs. pro Oka des daraus gewonnenen Opiums), Hanf und Flachs, Milch, Käse, Wolle und Felle. Bezüglich des Weines der Ebene von Monastyr wäre noch hinzuzufügen, daß der Rotwein etwa 16—17° hat, während der Weißwein von ungefähr 18° einen bescheidenen Dessertwein ausmachen könnte; ein Zusatz von 100 g Alkohol auf 50 Oka würde ihn befähigen, die weitesten Reisen zu überstehen.

Von Interesse sind an dieser Stelle die Angaben Rohnstocks über die Beteiligung der einzelnen Länder an der Handelsbewegung von Salonik. 1883 entfiel von der Einfuhr auf England 25%, auf Öster=reich=Ungarn 19% (Zucker, geistige Getränke, Papier, Fes, farbige Kleider, glattes Tuch, Stahl, Sensen, Zündhölzer, Glaswaren, Lampen, baumwollene Gewebe und Rohgarn), auf Deutschland 9% (Anilinfarben, Leberthran, ätherische Öle, Steingut, Eisen= und Stahlwaren, Gold=leisten, Hornkämme, Pelzwaren, Nähmaschinen, Hanfwaren, Wirkwaren, Flanelle und Demicoton). Der Anteil Deutschlands an der Einfuhr belief sich auf 204650 Ltq, Österreich=Ungarns auf 442663 Ltq.[1] Für das gesamte Hauptzollamtgebiet Salonik, welches die Vilayets Salonik, Monastyr und Kossovo, sowie das Amt Selfidje umfaßt, betrug die Handelsbewegung einschließlich des Güteraustausches mit dem Inland und mit inländischen Häfen an:

Ausfuhr 2833811 Ltq, — Einfuhr 2301914 Ltq.

Nach dem Salzverbrauch von durchschnittlich 5 kg pro Jahr und Kopf und der Einfuhrmenge des Salzes läßt sich die Bevölkerung des Hauptzollamtsgebietes von Salonik auf 2863000 Seelen veranschlagen. Der Flächenraum des Gebietes mißt 78680 qkm; es kommen also 36 Bewohner auf den Quadrat=Kilometer. Das Areal kommt dem Bayerns nahezu gleich; die Bevölkerungsdichtigkeit beträgt die Hälfte von der Bayerns.[2]

Wenn nun die neue Bahn nur einen Teil des Hinterlandes von Salonik erschließt, so sind es doch gerade die unzweifelhaft fruchtbarsten,

---

[1] 1 türk. Pfund, Livre turque (Ltq) = 18,5 Mark.

[2] Die Bevölkerungsdichtigkeit im Vilayet Smyrna, woselbst sich auf türkischem Boden zuerst ein Eisenbahnnetz entwickelte, beträgt nur 26 pro qkm.

vielverſprechendſten Bezirke durch welche ſie führt. Dieſe Bezirke ſind
zwar durchſchnittlich nicht dicht bevölkert; wenn wir aber bedenken, daß
das Land durchaus gebirgig iſt, und daß ſich die Bewohner in den
Ebenen und Thälern zuſammendrängen, ſo ergibt ſich für die kultur=
fähigſten Territorien doch eine relativ hohe Dichte. Allerdings liegen
immer noch ziemlich ausgedehnte Flächen brach; ohne Zweifel könnte
der freigebige Boden noch erheblich viel Menſchen mehr ernähren, als
jetzt darauf wohnen.

Das Bevölkerungsverhältnis eröffnet die günſtigſte Perſpektive für
den Bahnbetrieb. Auf einen ſehr ſtarken Perſonenverkehr darf mit
Sicherheit gerechnet werden. Wünſchen wir der neuen Linie, daß es
ihr recht bald gelingen möge, eine kilometriſche Bruttoeinnahme von
23 000 Frs. zu erzielen wie die Linie Smyrna—Aïdin.

Garantiert ſind von der türkiſchen Regierung 14 300 Frs. pro
Kilometer. Zur Deckung dieſer Garantie dienen die Zehnteneinnahmen
der Vilayets Salonik und Monaſtyr.[1] Erſt in zweiter Linie wurden
dieſe Regierungseinkünfte an die Geſellſchaft der Linie Dedeaghatch—
Salonik verpfändet. Es liegt der Gedanke nahe, daß ſich die türkiſche
Regierung durch ſolche Eiſenbahngarantien zu große Laſten auferlege.
Allein die Erſchließung der Produktionsgebiete durch Schienenwege erhöht
den Wert der Produkte um Beträchtliches, ſo daß der Regierung ſchon

---

[1] ›Le Gouvernement Impérial garantit au concessionnaire un revenu
brut annuel de 14 300 Fcs. par kilomètre construit et exploité; pour le cas
d'insuffisance des recettes de l'exploitation, il sera procédé de la manière
suivante pour parfaire le dit chiffre de 14 300 Fcs. par kilomètre et par an
de revenus bruts du chemin de fer construit et exploité.

Lors de l'adjudication des dîmes des sandjaks de Salonique et Monastyr,
adjudication à laquelle assistera un délégué de l'Administration de la Dette
Publique, les bons obligatoires à livrer par les adjudicataires pour la contrevaleur des dîmes résultant de cette adjudication seront libellés payables à
l'ordre des caisses de l'Administration de la Dette Publique se trouvant dans
les sandjaks sus-énoncés et la totalité de la dite contrevaleur sera remise
directement aux dites caisses. Les sommes que le Gouvernement Impérial
s'engage à payer annuellement au concessionnaire pour parfaire le revenu
kilométrique plus haut indiqué, seront prises sur la dite contrevaleur et
payées par l'Administration de la Dette Publique au concessionnaire et le
solde sera versé par elle au Trésor Impérial.‹

Art: 29 de la Convention. Actes de la Société du Chemin de fer Ottoman Salonique—Monastyr. Constantinople 1891.

aus diesem Grunde die Quellen des Zehnten reichlicher fließen. Um nur ein Beispiel anzuführen, will ich auf die durch Eröffnung der Anatolischen Bahn bewirkte Steigerung des Gerstenpreises in Angora von 5—7 auf 14 Piaster verweisen. In den Sandjaks Ismid, Ertoghrul, Kiutahia und Angora haben sich durch den Betrieb derselben Bahn die Zehnteneinkünfte von 100000—120000 Ltq auf 200000 Ltq erhöht. Diese Mehreinkünfte reduzieren die von der Regierung übernommenen Lasten ganz beträchtlich, wenn sie auch vorderhand selbst im Falle einer besseren Ernte als der des vorigen Jahres nicht ausreichen, um die Differenz der Bruttoeinnahme gegen den garantierten Ertrag in der Weise zu decken, daß für die Staatskasse ein Ausfall von Zuflüssen gegen früher vermieden würde. Neben der Wertsteigerung sollte nun eine quantitative Steigerung der Produktion stattfinden, und es ist nicht daran zu zweifeln, daß die in letzterer Beziehung erfolgende Anregung Fortschritte zu Wege bringen wird. Hebt sich die Masse der Boden= erzeugnisse in den von der Bahn durchschnittenen Distrikten, so kommt dies nicht nur dem Güterverkehr zugute, sondern auch der Staatskasse. Die kilometrische Bruttoeinnahme wird erhöht, die Regierung muß für weniger aufkommen und hat außerdem eine Mehreinnahme aus dem Zehnten.

Einen gewissen Maßstab liefern hier die Rentabilitätsverhältnisse der Smyrnabahnen. Smyrna—Kassaba hat nach Mitteilungen, welche ich ganz neuerdings erhalten habe, eine kilometrische Bruttoeinnahme von 16000 Frs., Smyrna—Diner nur 10000 Frs.[1]) Ungünstiger stellen sich

---

[1]) „Die finanzielle Lage der Smyrna—Aïdin und Diner=Gesellschaft war, so lange die Linie noch kurz blieb, eine prekäre. 1886 wurden die 20 £=Aktien der Gesellschaft mit nur 2 £ cotiert. Die Verlängerung bis Seraïköi bewirkte ein Steigen auf 9 £. Die Hausse fuhr fort und bald standen die Aktien über pari. 1889 galten sie 23 £. Die schlechte Ernte von 1890 führte, ungeachtet der Ver= längerung bis Diner (weitere 145 km), ein Fallen auf 18¹⁄₂ £ herbei; aber der Kurs hob sich allmählich und stieg wieder über pari.

Die finanzielle Lage der Kassaba=Gesellschaft passierte ähnliche Phasen, wie die der Aïdin=Kompagnie. Seit der Verlängerung bis Alaschehir hat sich der Kurs der Aktien stetig verbessert. Der Kurs stand fast immer auf pari und darüber."

Die Gesamtlänge der Kassaba=Linie mit den Hauptzweigen Alaschehir und Soma, sowie der kurzen Strecke Smyrna—Bournabad beträgt 263,6 km. Die Gesamt= länge der Aïdin=Linie mit der Verlängerung bis Diner und den verschiedenen Abzweig= ungen beträgt 515,3 km. Cuinet, La Turquie d'Asie, Tome III, Fascic. 8, p. 392.

Was die seitens der Regierung den Smyrna=Eisenbahngesellschaften gegenüber gemachten Zugeständnisse betrifft, so stehen dieselben im Vergleich mit den von der

die Einnahmen auf der Linie Salonik—Üsküb—Zibeftche mit 8000 Frs. pro Kilometer. Längs dieser letztgenannten Verkehrsader hat sich die Ausnützung des Bodens und der Hilfsquellen überhaupt nicht in der Weise gehoben, wie es der langen, seit Beendigung des Baues der Strecke Salonik—Mitrovitza (1874) verstrichenen Frist zufolge erwartet werden sollte. Das »Laissez aller«=Prinzip ist eben in einem neu= erschlossenen, rascher Entwicklung bedürftigen Lande am wenigsten zu empfehlen. Von Seite der Regierung könnte für ein rascheres Empor= blühen, wie es durchaus in deren eigenem materiellem Interesse liegt, so manches geschehen. Sorgfältige Enqueten über die Produktions= bedingungen, Maßnahmen zur rationellen Bewirtschaftung des nationalen Besitzes, thatkräftiges Eingreifen wären auch ganz besonders in den Hochlandgebieten Kleinasiens am Platze, wo es an Händen fehlt und die Natur nicht so einladend aussieht, obwohl der Boden fruchtbar ist.

Was nun die centralmacedonische Bahn anbetrifft, so lassen die physikalischen und die sozialen Bedingungen ihres Territoriums einen Zweifel an der Rentabilität des Unternehmens gewiß nicht aufkommen. Die Natur ist hier so freigebig, die Bevölkerung ist in solcher Masse vorhanden und aus so fleißigen und bildungsfähigen Elementen zu= sammengesetzt, daß die Welt hier vorläufig getrost ihren eigenen Lauf nehmen darf.

Die Entwicklung des türkischen Eisenbahnnetzes ist von gewaltiger Bedeutung für das gesamte europäische Wirtschaftsgebäude. Je mehr sich dieses Netz entwickelt, um so enger schließen sich Asien und Europa zusammen. Und ein nicht zu unterschätzendes Glied in der verbindenden Kette ist die centralmacedonische Bahn.

Anatolischen Eisenbahngesellschaft und anderen Kompagnien erzielten Vorteilen oder Sicherheiten weit zurück. Die Aidin=Gesellschaft genießt überhaupt keine Garantie mehr (seit 1888). Für die Kassaba=Linie besteht eine Garantie nur zum Teil. Dazu kommt, daß bei den Smyrna=Garantien die Verpfändung der Steuern, sowie die Mitwirkung der Dette Publique wegfällt.

Neuerdings sollen die Aktien der Diner=Gesellschaft wieder gefallen sein, und zwar infolge der Konzession Eskischehir—Konia, welche an die Anatolische Eisenbahn= gesellschaft erteilt wurde.